Elisabeth Fitzka · Thomas Zwicker · Eva Breunig

Mathematik

Verstehen + Üben + Anwenden

1

ÜBUNGEN

VERITAS
Lernen verbindet uns

Stoff der 1. Klasse klar strukturiert!

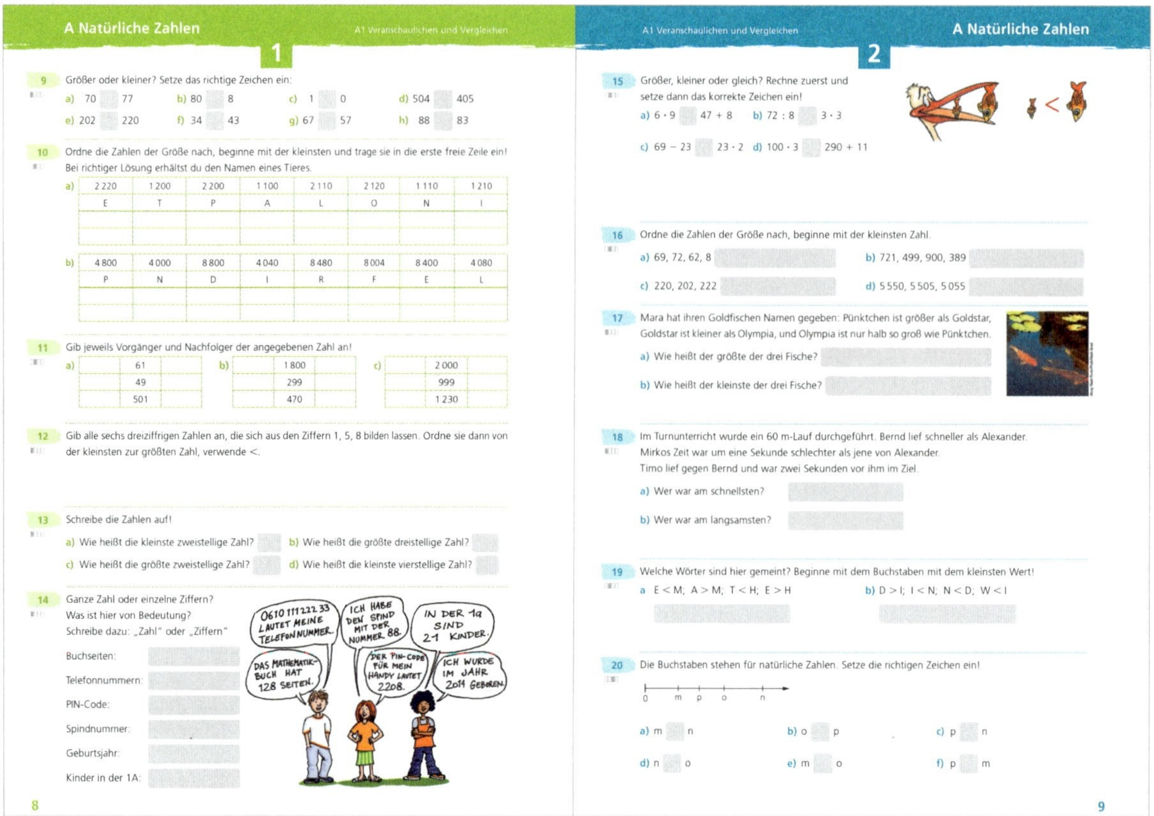

A Natürliche Zahlen — A1 Veranschaulichen und Vergleichen — 1

9 Größer oder kleiner? Setze das richtige Zeichen ein:

a) 70 ☐ 77 b) 80 ☐ 8 c) 1 ☐ 0 d) 504 ☐ 405
e) 202 ☐ 220 f) 34 ☐ 43 g) 67 ☐ 57 h) 88 ☐ 83

10 Ordne die Zahlen der Größe nach, beginne mit der kleinsten und trage sie in die erste freie Zeile ein! Bei richtiger Lösung erhältst du den Namen eines Tieres.

a)

2 220	1 200	2 200	1 100	2 110	2 120	1 110	1 210
E	T	P	A	L	O	N	I

b)

4 800	4 000	8 800	4 040	8 480	8 004	8 400	4 080
P	N	D	I	R	F	E	L

11 Gib jeweils Vorgänger und Nachfolger der angegebenen Zahl an!

a)

	61	
	49	
	501	

b)

	1 800	
	299	
	470	

c)

	2 000	
	999	
	1 230	

12 Gib alle sechs dreiziffrigen Zahlen an, die sich aus den Ziffern 1, 5, 8 bilden lassen. Ordne sie dann von der kleinsten zur größten Zahl, verwende <.

13 Schreibe die Zahlen auf!

a) Wie heißt die kleinste zweistellige Zahl? b) Wie heißt die größte dreistellige Zahl?
c) Wie heißt die größte zweistellige Zahl? d) Wie heißt die kleinste vierstellige Zahl?

14 Ganze Zahl oder einzelne Ziffern?
Was ist hier von Bedeutung?
Schreibe dazu: „Zahl“ oder „Ziffern“

Buchseiten:
Telefonnummern:
PIN-Code:
Spindnummer:
Geburtsjahr:
Kinder in der 1A:

8

A1 Veranschaulichen und Vergleichen — A Natürliche Zahlen — 2

15 Größer, kleiner oder gleich? Rechne zuerst und setze dann das korrekte Zeichen ein!

a) 6 · 9 ☐ 47 + 8 b) 72 : 8 ☐ 3 · 3
c) 69 − 23 ☐ 23 · 2 d) 100 · 3 ☐ 290 + 11

16 Ordne die Zahlen der Größe nach, beginne mit der kleinsten Zahl.

a) 69, 72, 62, 8 b) 721, 499, 900, 389
c) 220, 202, 222 d) 5 550, 5 505, 5 055

17 Mara hat ihren Goldfischen Namen gegeben: Pünktchen ist größer als Goldstar, Goldstar ist kleiner als Olympia, und Olympia ist nur halb so groß wie Pünktchen.

a) Wie heißt der größte der drei Fische?
b) Wie heißt der kleinste der drei Fische?

18 Im Turnunterricht wurde ein 60 m-Lauf durchgeführt. Bernd lief schneller als Alexander. Mirkos Zeit war um eine Sekunde schlechter als jene von Alexander. Timo lief gegen Bernd und war zwei Sekunden vor ihm im Ziel.

a) Wer war am schnellsten?
b) Wer war am langsamsten?

19 Welche Wörter sind hier gemeint? Beginne mit dem Buchstaben mit dem kleinsten Wert!

a E < M; A > M; T < H; E > H b) D > I; I < N; N < D; W < I

20 Die Buchstaben stehen für natürliche Zahlen. Setze die richtigen Zeichen ein!

0 m p o n

a) m ☐ n b) o ☐ p c) p ☐ n
d) n ☐ o e) m ☐ o f) p ☐ m

9

1 Auf der linken Seite findest du grundlegende Aufgaben zum Stoff der 1. Klasse Mathematik. Hier kannst du den gelernten Stoff wiederholen und festigen.

2 Auf der rechten Seite findest du weiterführende Aufgaben zum Stoff der 1. Klasse Mathematik. Hier kannst den gelernten Stoff üben und deine Mathematikkompetenzen fördern und vertiefen.

Ab Seite 118 findest du die Lösungen zu allen Aufgaben.

Verwendete Symbole:

1 ■□□□ Die Kennzeichnungen ■□□□ Modellieren und Problemlösen, □■□□ Rechnen und Konstruieren, □□■□ Darstellen und Interpretieren, □□□■ Vermuten und Begründen verweisen auf die in den Bildungsstandards definierten Handlungsdimensionen und dienen der Information von Lehrerinnen und Lehrern.

PROBLEM LÖSUNG Diese – oft kniffligen – Aufgaben können meist nicht mit einem vorgegebenen Rechengang gelöst werden.
Überlegt gemeinsam, wie eine Lösung gefunden werden kann.

Inhaltsverzeichnis

1 ■□□□ Kennzeichne die angegebenen Zahlen auf dem Zahlenstrahl mit einem Kreuz und schreibe die jeweilige Zahl dazu. Achte auf die Einheit des Zahlenstrahls!

a) 4, 5, 7, 9, 11, 14, 15

b) 20, 50, 65, 90, 110, 125

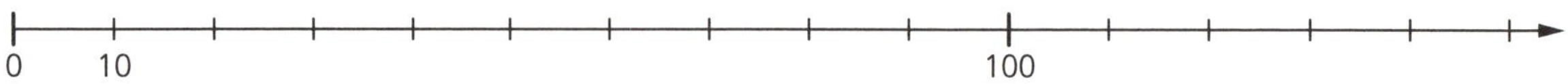

c) 15, 30, 45, 70, 95, 135

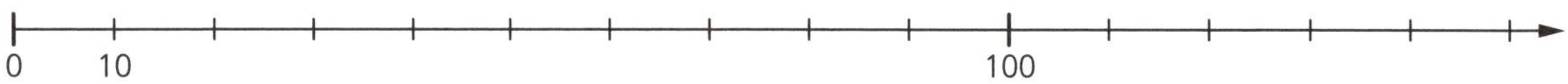

2 ■□□□ Schreibe die entsprechenden Zahlen in die Kästchen. Achte auf die Einheit des Zahlenstrahls!

a)

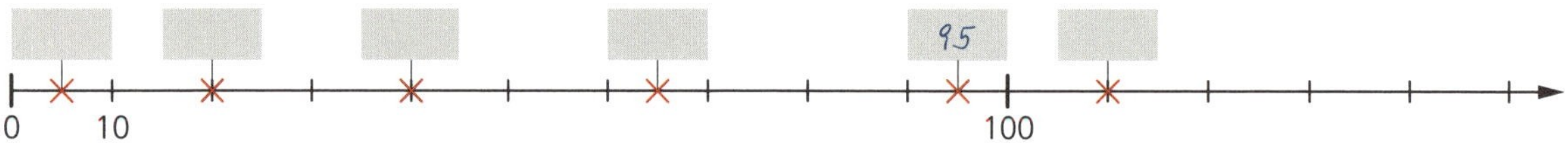

b)

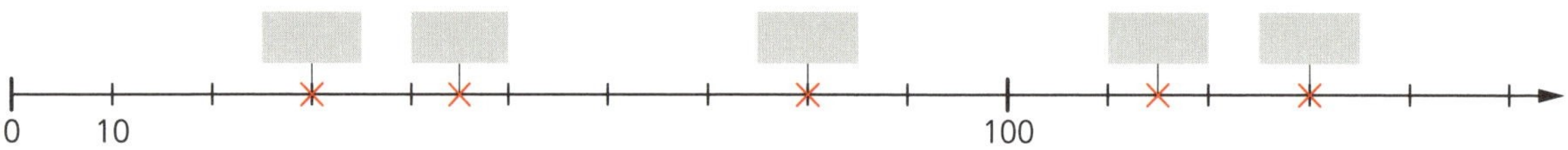

c)

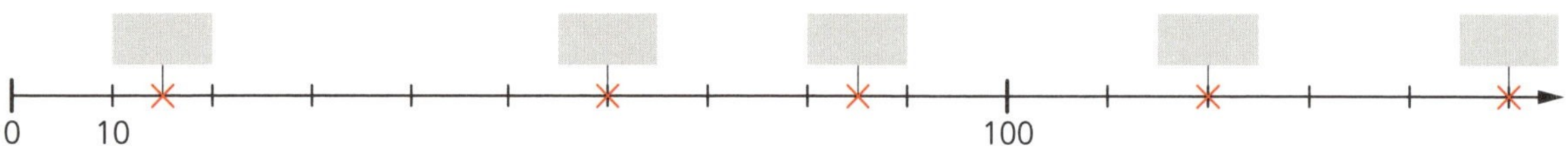

d)

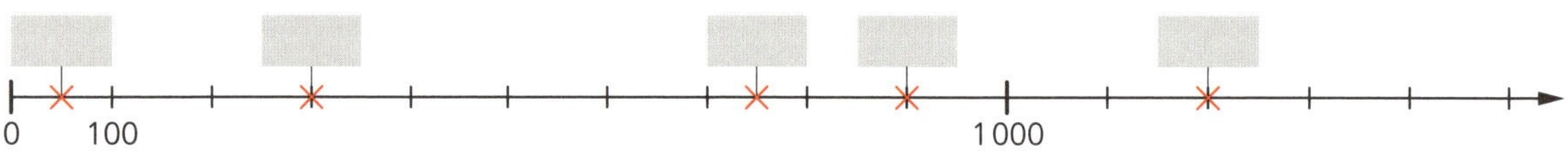

e)

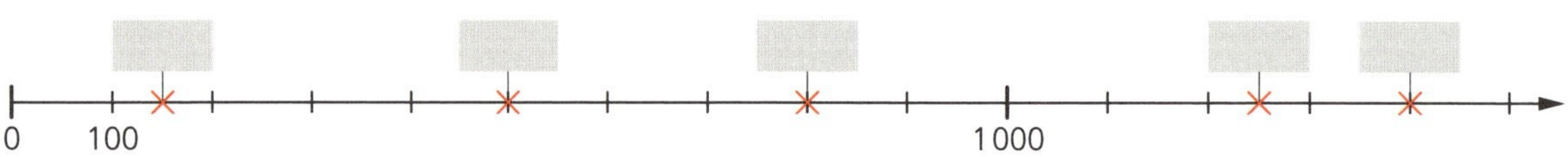

f)

3 ■□□□ Körpergrößen von Tieren können auf einem Zahlenstrahl geordnet werden: Markiere die Größe jedes Tieres mit einem Kreuz auf dem Zahlenstrahl und schreibe den Namen des Tieres dazu.

Käfer	Frosch	Maus	Schmetterling	Meerschweinchen	Schnecke
10 mm	50 mm	110 mm	20 mm	130 mm	70 mm

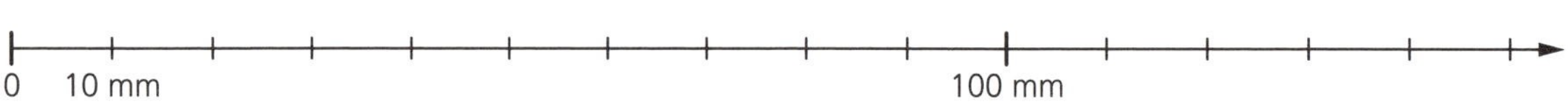

4 Welche Zahlen sind auf dem Zahlenstrahl eingezeichnet?

a)
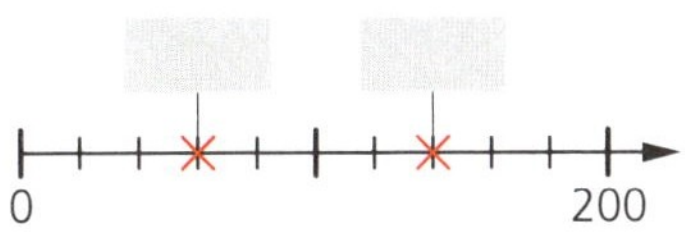

b)

c)
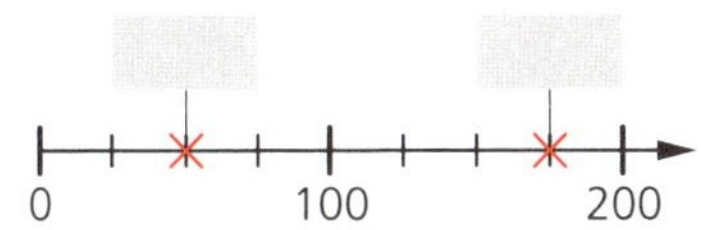

5 Zeichne einen Zahlenstrahl mit der gegebenen Einheitsstrecke. Trage dann die Zahlen ein!

a) $\overline{01} = 1$ cm; 4, 7, 10

b) $\overline{01} = 2$ cm; 1, 3, 5

c) $\overline{01} = 5$ mm; 8, 12, 20

6 Es ist nur ein Ausschnitt des Zahlenstrahls dargestellt. Welche Zahlen sind eingezeichnet?

a)
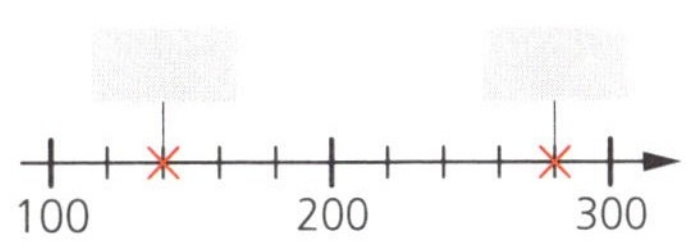

b)
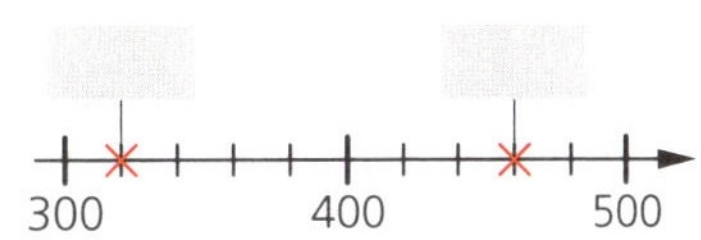

c)
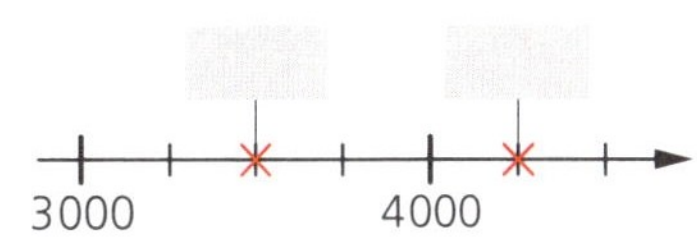

7 Zeichne den Ausschnitt eines Zahlenstrahls mit der gegebenen Einheitsstrecke. Zeichne dann die Zahlen ein!

a) $\overline{01} = 1$ cm; 32, 37, 39

b) $\overline{01} = 5$ mm; 72, 77, 85

c) $\overline{01} = 1$ mm; 25, 69, 112

8 Erkläre, wie du vorgehst, wenn du die Größenverhältnisse zwischen 15, 25 und 40 auf einem Zahlenstrahl mit ca. 10 cm Länge darstellen sollst. Führe es auch durch!

9 Größer oder kleiner? Setze das richtige Zeichen ein:

a) 70 ☐ 77 **b)** 80 ☐ 8 **c)** 1 ☐ 0 **d)** 504 ☐ 405

e) 202 ☐ 220 **f)** 34 ☐ 43 **g)** 67 ☐ 57 **h)** 88 ☐ 83

10 Ordne die Zahlen der Größe nach, beginne mit der kleinsten und trage sie in die erste freie Zeile ein! Bei richtiger Lösung erhältst du den Namen eines Tieres.

a)

2 220	1 200	2 200	1 100	2 110	2 120	1 110	1 210
E	T	P	A	L	O	N	I

b)

4 800	4 000	8 800	4 040	8 480	8 004	8 400	4 080
P	N	D	I	R	F	E	L

11 Gib jeweils Vorgänger und Nachfolger der angegebenen Zahl an!

a)

	61	
	49	
	501	

b)

	1 800	
	299	
	470	

c)

	2 000	
	999	
	1 230	

12 Gib alle sechs dreiziffrigen Zahlen an, die sich aus den Ziffern 1, 5, 8 bilden lassen. Ordne sie dann von der kleinsten zur größten Zahl, verwende <.

13 Schreibe die Zahlen auf!

a) Wie heißt die kleinste zweistellige Zahl? ☐

b) Wie heißt die größte dreistellige Zahl? ☐

c) Wie heißt die größte zweistellige Zahl? ☐

d) Wie heißt die kleinste vierstellige Zahl? ☐

14 Ganze Zahl oder einzelne Ziffern?
Was ist hier von Bedeutung?
Schreibe dazu: „Zahl“ oder „Ziffern“

Buchseiten: ☐

Telefonnummern: ☐

PIN-Code: ☐

Spindnummer: ☐

Geburtsjahr: ☐

Kinder in der 1A: ☐

15 Größer, kleiner oder gleich? Rechne zuerst und setze dann das korrekte Zeichen ein!

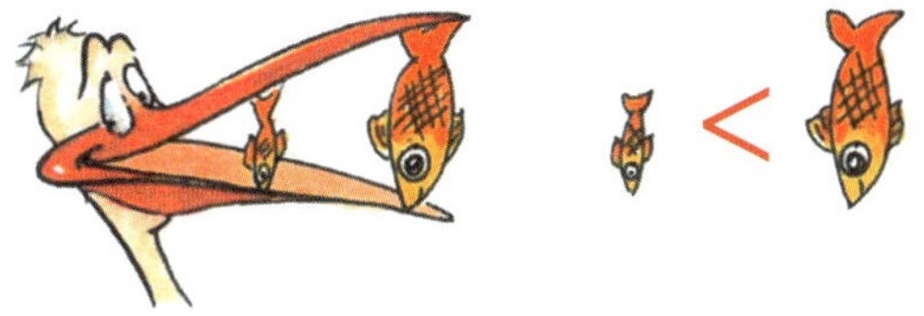

a) 6 · 9 ☐ 47 + 8 b) 72 : 8 ☐ 3 · 3

c) 69 − 23 ☐ 23 · 2 d) 100 · 3 ☐ 290 + 11

16 Ordne die Zahlen der Größe nach, beginne mit der kleinsten Zahl.

a) 69, 72, 62, 8 b) 721, 499, 900, 389

c) 220, 202, 222 d) 5 550, 5 505, 5 055

17 Mara hat ihren Goldfischen Namen gegeben: Pünktchen ist größer als Goldstar, Goldstar ist kleiner als Olympia, und Olympia ist nur halb so groß wie Pünktchen.

Alamy Stock Photo/PhotoStock-Israel

a) Wie heißt der größte der drei Fische?

b) Wie heißt der kleinste der drei Fische?

18 Im Turnunterricht wurde ein 60 m-Lauf durchgeführt. Bernd lief schneller als Alexander. Mirkos Zeit war um eine Sekunde schlechter als jene von Alexander. Timo lief gegen Bernd und war zwei Sekunden vor ihm im Ziel.

a) Wer war am schnellsten?

b) Wer war am langsamsten?

19 Welche Wörter sind hier gemeint? Beginne mit dem Buchstaben mit dem kleinsten Wert!

a E < M; A > M; T < H; E > H b) D > I; I < N; N < D; W < I

20 Die Buchstaben stehen für natürliche Zahlen. Setze die richtigen Zeichen ein!

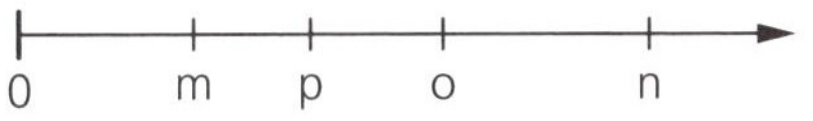

a) m ☐ n b) o ☐ p c) p ☐ n

d) n ☐ o e) m ☐ o f) p ☐ m

21 Trage die Ziffern in die Stellenwerttabelle ein, lies die Zahl laut vor:

a)

Zahl	T	H	Z	E
1 285				
630				
7 803				

b)

Zahl	T	H	Z	E
700				
2 500				
3 080				

22 Schreibe als Zahl!

a) 8 T 6 H 2 Z 1 E =

b) 1 T 2 Z =

c) 7 H 3 Z 9 E =

d) 5 T 4 H =

e) 6 T 1 H 3 E =

f) 2 Z 5 E =

23 Welche Zahl ist dargestellt? Schreibe auf zwei Arten.

a)

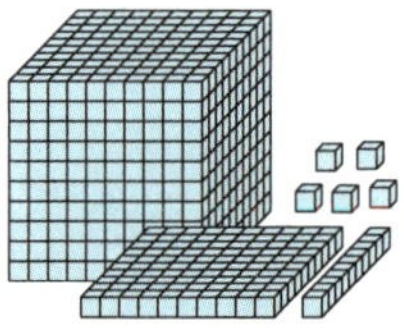

b)

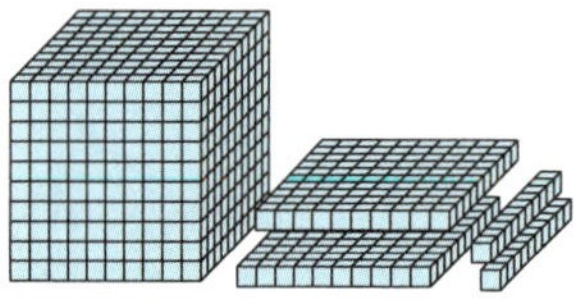

c)

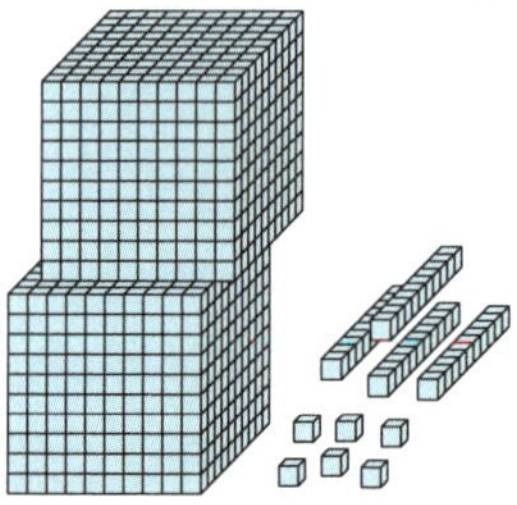

24 Welchen Stellenwert haben die Ziffern 1 und 5?

a) 531
Ziffer 1:
Ziffer 5:

b) 1 050
Ziffer 1:
Ziffer 5:

c) 2 510
Ziffer 1:
Ziffer 5:

d) 5 100
Ziffer 1:
Ziffer 5:

25 Schreibe als Zahl, ordne die Ziffern in Dreiergruppen und lies die Zahl dann laut vor:

	M	HT	ZT	T	H	Z	E	Zahl	in Dreiergruppen
a)	4	3	8	5	0	0	0		
b)		2	0	7	0	0	0		
c)	8	3	0	0	0	0	0		
d)			6	2	0	0	0		
e)			7	0	3	0	0		

26 Schreibe in Dreiergruppen!

a) 2400 =

b) 14205 =

c) 65000 =

d) 580000 =

27 In der Zeitung oder im Internet werden Zahlen, die größer als eine Million sind, mit der Abkürzung Mio. geschrieben. So ersparst du dir sechs Nullen zu schreiben. Schreibe mit der Abkürzung Mio.!

a) 8 000 000 =

b) 27 000 000 =

c) 5 000 000 =

d) 16 000 000 =

28 Wie viele Stellen haben die folgenden Zahlen? Schreibe die Anzahl in das Kästchen!

a) fünfhundert **b)** dreizehntausend **c)** achtmillionen **d)** achtmillionenundelf

29 Lena behauptet: „Statt einer Million kann man auch Tausendtausend sagen. Wenn zu Neunhundertneunundneuzigtausend ein Tausender dazukommt, dann sind es tausend Tausender.“ Was meinst du dazu?

30 Schreibe die gegebene Zahl mit Ziffern an!

a) fünfhunderttausendundzwölf **b)** sechzig Millionen

c) 340 Millionen **d)** 8 Milliarden

31 Trage die gegebenen Zahlen in die Stellenwerttabelle ein!

	Zahl	Billionen	Milliarden			Millionen			Tausender			Einer		
		B	HMd	ZMd	Md	HM	ZM	M	HT	ZT	T	H	Z	E
a)	5 687 945													
b)	27 400 070 530													
c)	2 003 404 560 789													
d)	9 888 777 666 555													
e)	8 070 600 005 432													
f)	6 Md 4 ZM 6 HT 3 E													
g)	4 B 9 Md 7 ZT 2 T													
h)	1 B 6 HMd 9 ZM 8 Z													

32 Im Jahr 2014 ist es der ESA-Sonde Rosetta nach 10 Jahren, 5 Monaten und 4 Tagen Flug im All gelungen, den Kometen „67P/Tschurjumow–Gerassimenko“ zu erreichen. Sie legte dabei eine Strecke von rund 6 Milliarden und 400 Millionen Kilometern zurück.
(Quelle: www.esa.int/ESA_in_your_country/Germany//Kometensonde_Rosetta_am_Ziel [13.8.2014])

a) Wie viele Tage flog Rosetta ungefähr, bis sie den Kometen erreicht hat?

b) Warum kann man die Anzahl der Tage mit diesen Angaben nicht exakt bestimmen?

33 Runde auf Zehner (Z)!

a) 43 ≈ ___ 87 ≈ ___ 54 ≈ ___

b) 282 ≈ ___ 341 ≈ ___ 675 ≈ ___

c) 4 083 ≈ ___ 6 455 ≈ ___ 2 181 ≈ ___

34 Runde auf Hunderter (H)!

a) 480 ≈ ___ 120 ≈ ___ 650 ≈ ___

b) 2 480 ≈ ___ 3 540 ≈ ___ 4 290 ≈ ___

c) 638 ≈ ___ 274 ≈ ___ 599 ≈ ___

35 Runde auf Tausender (T)!

a) 6 300 ≈ ___ 2 600 ≈ ___ 3 100 ≈ ___

b) 3 850 ≈ ___ 2 430 ≈ ___ 6 590 ≈ ___

c) 1 563 ≈ ___ 2 875 ≈ ___ 4 199 ≈ ___

36 Pass gut auf! Runde auf die angegebenen Stellenwerte!

a) auf Zehner: 395 ≈ ___ 297 ≈ ___

b) auf Hunderter: 5 040 ≈ ___ 1 999 ≈ ___

c) auf Tausender: 20 380 ≈ ___ 19 990 ≈ ___

37 Aus einem Routenplaner im Internet kannst du die genauen Entfernungen ablesen. Runde die folgenden km-Angaben auf Zehner.

a) St. Pölten – Graz 229 km ≈ ___

b) Wien – Eisenstadt 59 km ≈ ___

c) Wien – Klagenfurt 322 km ≈ ___

d) Linz – Bregenz 455 km ≈ ___

e) Salzburg – Innsbruck 164 km ≈ ___

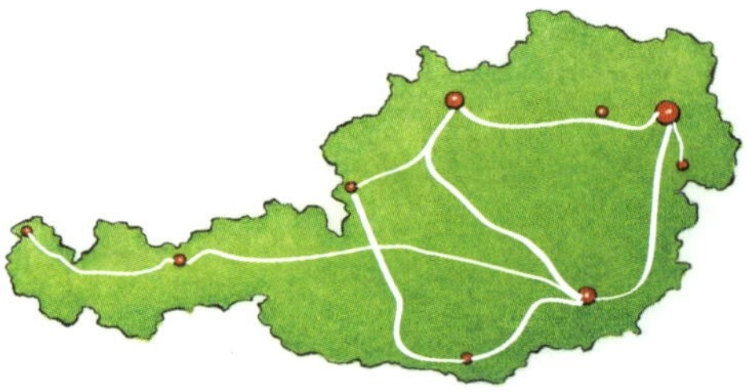

38 Bei größeren Entfernungen können km-Angaben gerundet werden. Runde die folgenden Angaben aus einem Routenplaner auf Hunderter.

a) Innsbruck – Berlin 758 km ≈ ___

b) Salzburg – Budapest 544 km ≈ ___

c) Klagenfurt – Rom 809 km ≈ ___

d) Wien – Mailand 866 km ≈ ___

e) Graz – München 417 km ≈ ___

ingimage.com

39 Lies den Text und unterstreiche jene Zahlen, bei denen Runden **nicht** sinnvoll ist!

iStockphoto/ht5800

Vor 58 Tagen war Bernd mit seinem erwachsenen Bruder Luca beim Konzert seiner Lieblingspopgruppe in München. Sie fuhren mit dem Zug (RJ 564) von Wien nach München. Ein Bahnticket kostete 34 €. Beim Konzert saßen sie im Sektor C in der 11. Reihe auf Sitz 28 und Sitz 29. Von dort hatten sie gute Sicht auf die Bühne.

Mit ihm waren 9 876 zahlende Zuschauerinnen und Zuschauer in der Halle. Bernd war noch nie mit so vielen Menschen gleichzeitig im selben Raum.

Nach dem Konzert kauften sie sich mit der Kreditkarte von Luca 2 T-Shirts der Lieblingsband um je 39 €. Beim Zahlvorgang musste Luca seinen Pass vorzeigen. Dabei haben sie sich über die lange Passnummer (H 153 674 893) gewundert. Was die wohl bedeutet? Bei der Heimfahrt sprachen sie viel über das 118 Minuten lange Konzert – sie waren sich einig, dass es das genialste Spektakel war, das sie in den letzten 12 Monaten erlebt hatten.

40 Mustafa sagt: „Runden ist dann sinnvoll, wenn es um das Abschätzen einer Größenordnung geht. Da kann ein runder Betrag eine bessere Übersicht liefern. Bei Zahlen, die zur eindeutigen Identifikation wichtig sind, hat Runden keinen Sinn."

Unterstreiche jene drei Bereiche, in denen Runden wenig bzw. gar nicht sinnvoll ist!

Telefonnummer *Sparguthaben* *Autokennzeichen* *Länge des Schulwegs*

Geburtsdatum *Anzahl der Fische in einem Teich* *Höhe eines Berges*

41 Fredi versteht nicht, warum beim Runden nur jene Ziffer wichtig ist, die unmittelbar nach dem Stellenwert steht, auf den gerundet wird. „Wenn man 6 399 auf Tausender runden soll, dann sind ja nach dem Sechser ein Dreier, aber zwei Neuner, und bei Neunern muss man doch aufrunden! Also ist 6 399 rund 7 000 und nicht 6 000, wie die Lehrerin behauptet hat!"

Wie kannst du Fredi erklären, dass er falsch liegt?

42 Nina versteht nicht, warum 2 467 auf Tausender gerundet 2 000 sein soll.

„Unsere Lehrerin hat bei einem anderen Mathematikthema gesagt, wir sollen bei jeder Aufgabe Schritt für Schritt vorgehen. Wenn ich also auf Tausender runden soll, runde ich zuerst auf Zehner (2 470), dann auf Hunderter (2 500), und 2 500 gerundet auf Tausender ist 3 000."

Wie kannst du Nina erklären, dass sie falsch liegt?

43 Jakob möchte, dass die Zahl 350 auf 300 abgerundet werden sollte, statt sie auf 400 aufzurunden. Würdest du diese Idee unterstützen? Begründe deine Entscheidung.

PROBLEM LÖSUNG

44 Wie könnte die genaue Zahl heißen? Gib jeweils vier Möglichkeiten an:

a)

(1)

(2)

(3)

(4)

b)

(1)

(2)

(3)

(4)

c)

(1)

(2)

(3)

(4)

45 Runde auf den größten vorkommenden Stellenwert, unterstreiche die erste Ziffer und beachte die „Nullen danach"!

$\underline{6}7 \approx \underline{7}0$ $\underline{5}29 \approx \underline{5}00$ $\underline{3}\,560 \approx \underline{4}\,000$

a) 65 ≈ **b)** 276 ≈ **c)** 2 808 ≈

d) 23 ≈ **e)** 438 ≈ **f)** 7 099 ≈

g) 42 ≈ **h)** 755 ≈ **i)** 6 145 ≈

46 Es gibt Zahlen, die man nicht runden darf. Überlege welche und gib an warum! Runde die anderen sinnvoll.

Ich wurde 2015 geboren.

Die Kundennummer lautet 4830092.

Für ein Ländermatch wurden 18 365 Karten verkauft.

Entfernung Erde – Mond 384 401 km

Telefonnummer 01 28 37 461

Einwohnerzahl von Österreich: 8 984 000

Der Großglockner ist 3 798 m hoch.

Preis eines Laptops € 679

Der Saurier „Mega" war 72 850 kg schwer.

47 Runde auf die angegebenen Stellenwerte!

a) 5 369 (H) ≈ b) 24 099 (T) ≈ c) 4 751 (Z) ≈ d) 73 802 (T) ≈

48 Runde auf die angegebenen Stellenwerte! Hier ist oft mehr zu ändern als erwartet!

a) 2 975 (H) ≈ b) 9 503 (T) ≈ c) 4 995 (Z) ≈ d) 99 740 (T) ≈

49 Runde auf den größten vorkommenden Stellenwert!

a) 6 275 ≈ b) 13 487 ≈ c) 59 302 ≈ d) 7 080 ≈

50 Runde auf den größten vorkommenden Stellenwert!

a) 4 952 ≈ b) 953 ≈ c) 9 902 ≈ d) 32 999 ≈

51 In der Tabelle sind die Höhen der Gipfel der „Seven Summits" angegeben, die auch die höchsten Erhebungen des jeweiligen Kontinents sind. (Quelle: wikipedia.org [3.6.2022]).

Kontinent	Höchste Erhebung	Höhe
Afrika	Kibo (Kilimandscharo)	5 895 m
Antarktis	Mount Vinson	4 892 m
Asien	Mount Everest	8 848 m
Australien	Mount Kosciuszko	2 228 m
Europa	Elbrus (im Kaukasus)	5 642 m
Nordamerika	Denali	6 190 m
Südamerika	Aconcagua	6 961 m

a) Ordne die Berge der Höhe nach!

b) Runde die Höhen auf Hunderter!

c) Der K2 ist mit 8 611 m der zweithöchste Berg der Welt. Auf welchem Kontinent liegt er? Überprüfe deine Vermutung, indem du im Internet nachsiehst!

52 In der Tabelle sind Fläche und Einwohnerzahl einiger Staaten Europas angegeben. (nach wikipedia.org [13.10.2022])

Staat	Fläche (in km^2)	Einwohnerzahl
Niederlande	41 526	17 036 000
Österreich	83 879	8 823 000
Schweden	449 964	9 911 000
Schweiz	41 285	8 476 000
Tschechien	78 866	10 638 000

a) Warum sind die Einwohnerzahlen auf Tausender gerundet angegeben?

b) Runde die Flächen auf 1 000 km^2!

c) Runde die Einwohnerzahlen auf HT!

53 In der 1A gab es bei der Klassensprecherwahl folgendes Ergebnis:

Merima	III
Adrian	𝍸
Lisa	𝍸 II
Betim	𝍸 I

Lies aus der Strichliste ab und zeichne ein Säulendiagramm (1 Stimme ≙ 5 mm).

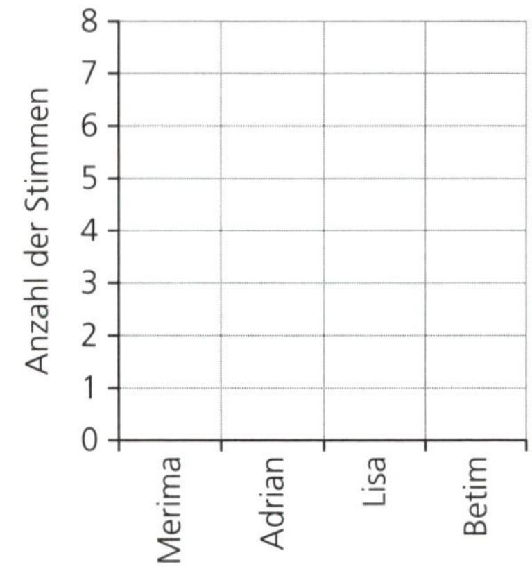

54 „Best-Band" gibt jedes Jahr die fünf besten Gruppen der Stadt bekannt. Lies aus dem Säulendiagramm ab:

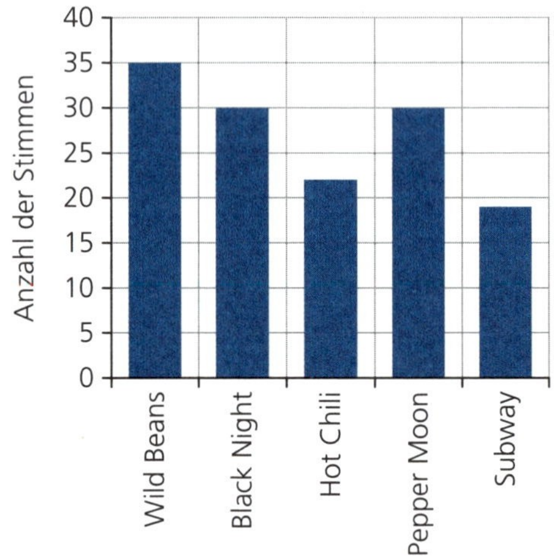

a) Welche Band hat gewonnen?

b) Welche Bands haben gleich viele Stimmen?

c) Welche Band hat den 5. Platz erreicht?

d) Wie viele Stimmen hat jede Band erreicht?

Wild Beans

Black Night   Hot Chili

Pepper Moon   Subway

55 Die Tabelle zeigt die Nächtigungen eines Hotels in der Wintersaison von Dezember–April.

a) Runde die Übernachtungszahlen auf Hunderter.

Dezember	465 Personen	≈
Jänner	613 Personen	≈
Februar	742 Personen	≈
März	689 Personen	≈
April	349 Personen	≈

b) Stelle die gerundeten Zahlen in einem Bilddiagramm durch das Symbol ☼ dar.

Monat	1 ☼ ≙ 100 Personen

56 Das Gewicht von Schultaschen:

In der 1B wurden die Schultaschen gewogen. Die Diagramme zeigen das Ergebnis:

Gewicht	Anzahl
weniger als 2 kg	
2 bis 3 kg	
3 bis 4 kg	
über 4 kg	

VERITAS-VERLAG, Linz/Susanne Sük

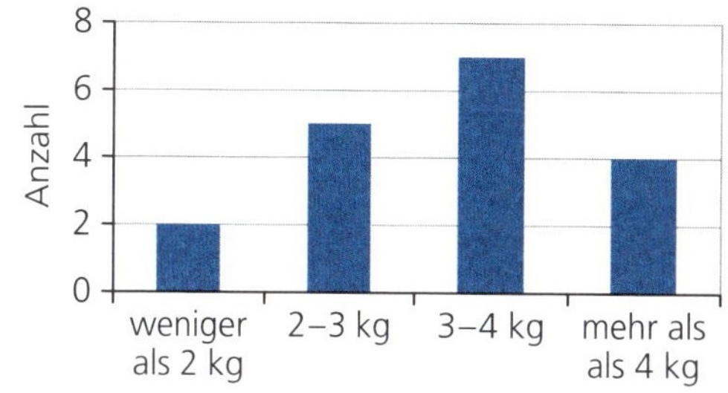

a) Kannst du die folgenden Fragen beantworten?	Ja, und zwar:	Nein
Wie viele Schultaschen wurden gewogen?		
Wie viel kg wiegt die leichteste Schultasche?		
Welche Farbe haben die meisten Schultaschen?		
Welche Schultasche ist so schwer wie die von Anja?		
Wie viele Schultaschen wogen zwischen 3 und 4 kg?		

b) Vergleiche die Diagramme:

Wie werden diese beiden Diagramme genannt?

Welche Vorteile hat das linke, welche das rechte Diagramm?

57 Ein Überblick über die Geburtstage in der 1B:

Welche Informationen kannst du ablesen?
Gib drei Informationen an!

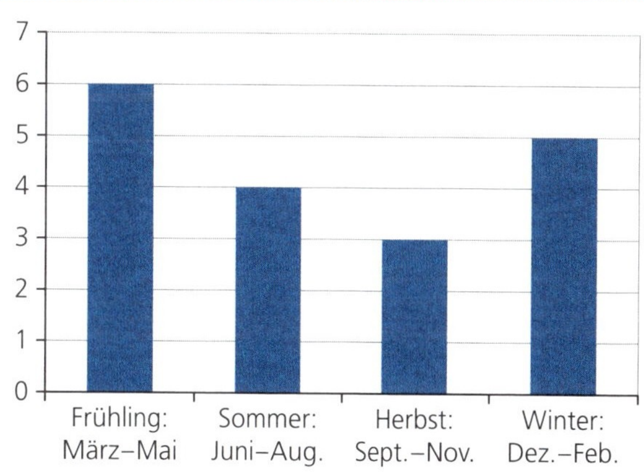

58 Die Schülerzahl der Mittelschule Miriach wurde in einem Balkendiagramm dargestellt. Lies Folgendes ab:

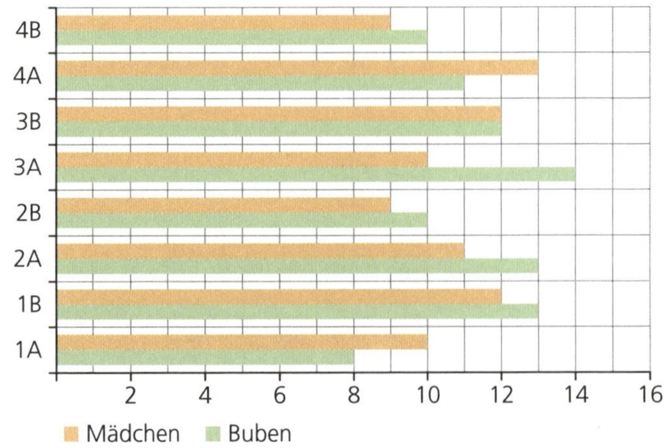

a) In welcher Farbe wurden die Mädchen und die Buben dargestellt?

b) In welche Klasse gehen die meisten Mädchen ______, in welche die meisten Buben ______?

c) Wie viele Buben und Mädchen sind in jeder Klasse?

	Buben	Mädchen
1A		
1B		
2A		
2B		

	Buben	Mädchen
3A		
3B		
4A		
4B		

59 Pia und Marco erstellen am Computer je ein Liniendiagramm. Pia stellt die Torschützen mit den meisten Toren bei der WM 2014 in Brasilien dar. Marco stellt die von ihm gemessenen Höchsttemperaturen einer Schulwoche dar.

a) Wer von beiden hat eine sinnvolle Darstellungsart gewählt? Begründe deine Meinung.

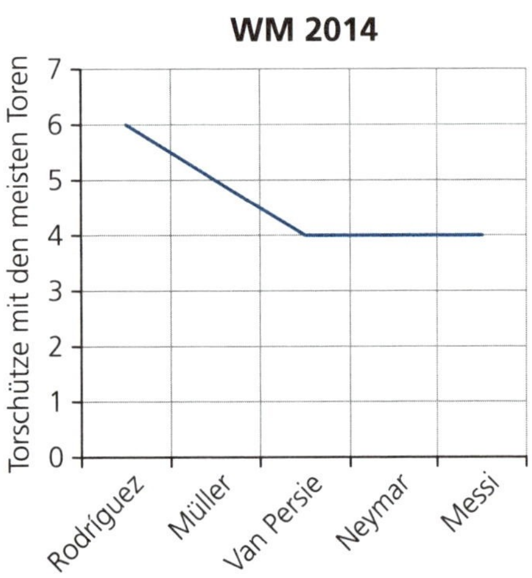

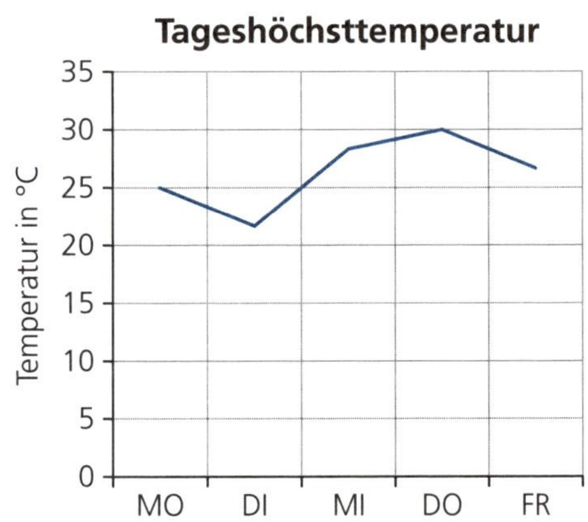

b) Entscheide, welchen Sachverhalt du besser im Säulendiagramm darstellst. Beschrifte das Diagramm!

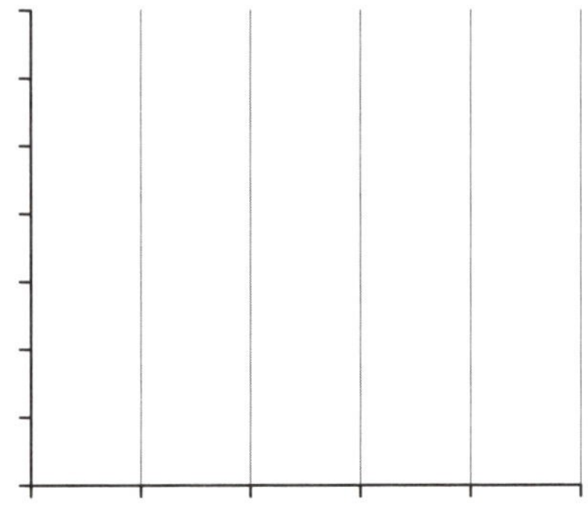

c) An welchem Tag war die Temperatur am höchsten, wann am niedrigsten?

d) Wie viele Torschützen haben gleich viele Tore geschossen?

60 Die Körpergröße der Schülerinnen und Schüler der 1. Klassen wurde vom Schularzt gemessen und mithilfe eines Tabellenkalkulationsprogrammes in folgendem Diagramm dargestellt.

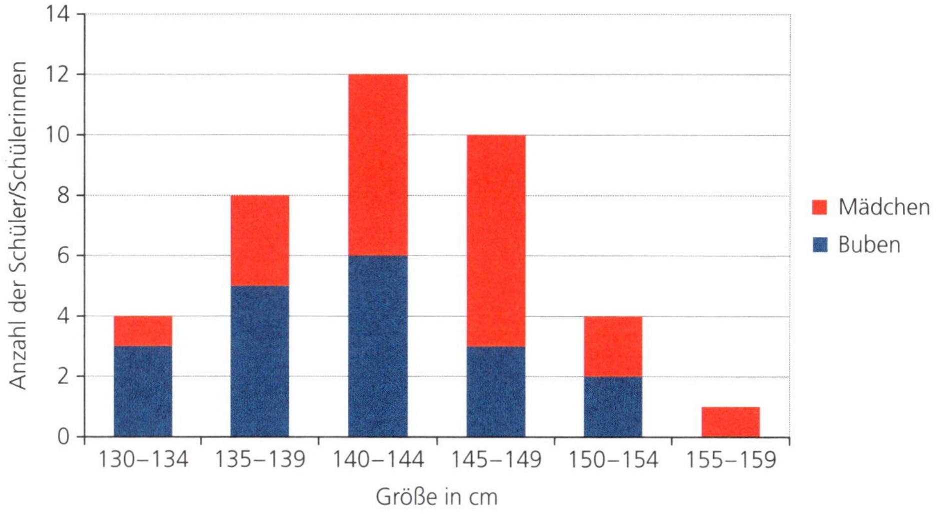

Luca aber möchte die Größe der Mädchen und Buben besser vergleichen können und beginnt, die Informationen in ein neues Diagramm zu übertragen.

a) Zeichne dieses Diagramm fertig!

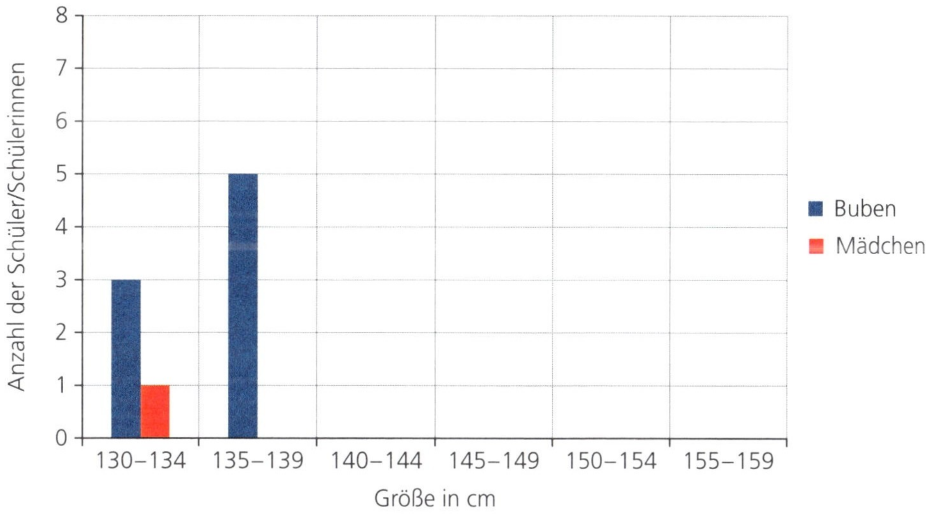

b) Welchen Vorteil hat das Diagramm, das der Schularzt angefertigt hat?

c) Welchen Vorteil hat das Diagramm, das Luca gezeichnet hat?

61 Mona überlegt, auf wie viele Arten sie mit folgenden Zutaten eine Pizza belegen kann, wenn jeweils genau ein pflanzliches Produkt und eine Käsesorte verwendet werden darf.

stock.adobe.com/hornydesign

Pflanzliche Produkte: Artischocken, Broccoli oder Champignons
Käsesorten: Gouda oder Mozzarella

Gib die sechs unterschiedlichen Möglichkeiten der Belegung an!

62 Bei der Schulmeisterschaft gibt es einen Staffellauf (4 x 200 m). Jede Klasse soll ein Viererteam nominieren. In der 1A-Klasse melden sich fünf Buben, die teilnehmen wollen: Ali, Bert, Chris, Daniel und Ekrem. Der Lehrer sagt sofort, dass aus diesen Buben fünf unterschiedliche Staffeln gebildet werden können.

stock.adobe.com/Taira Masao

a) Notiere alle Möglichkeiten!
b) Wie konnte der Lehrer so schnell wissen, dass es fünf Möglichkeiten geben würde?

63 Alina, Bert und Christina wollen zu dritt über einen Baumstamm balancieren, der über einen kleinen Bach führt. Sie sprechen darüber, dass es mehrere Möglichkeiten gibt, in welcher Reihenfolge sie gehen können. Gib die Möglichkeiten an.

stock.adobe.com/sonne_fleckl

Findest du alle sechs Möglichkeiten?

64 Bei der Schulmeisterschaft gibt es einen Staffellauf (4 x 200 m). Jede Klasse soll ein Viererteam nominieren. In der 1B-Klasse melden sich sechs Mädchen, die teilnehmen wollen. Wie viele unterschiedliche Staffeln können aus den sechs Mädchen gebildet werden?
Notiere alle 15 Möglichkeiten!

stock.adobe.com/OREN RAVID

65 Vier Freunde (Mona, Nina, Oleg und Patrick) wollen gemeinsam in einem Sportruderboot trainieren. Auf wie viele Arten können die vier Freunde im Boot auf den vier Sitzplätzen hintereinander Platz nehmen? Gib alle Möglichkeiten an!

stock.adobe.com/Paul Yates

66 In einem Gasthaus wollen sich drei Mädchen (Alina, Bianca und Claudia) und zwei Buben (Dominik und Edgar) an einen runden Tisch setzen. Alina ist das Geburtstagskind und darf sich daher als erstes den Platz aussuchen. Sie wählt den Platz, auf dem sie den besten Überblick hat. Auf wie viele unterschiedliche Arten können sich ihre Freunde rund um den Tisch platzieren, wenn Dominik und Edgar darauf bestehen, nebeneinander zu sitzen? Findest du 12 Möglichkeiten?

67 In einem Beutel befinden sich 6 gleich große Spielwürfel. Es sind drei weiße, zwei blaue und ein roter Spielwürfel. Susi greift im Dunkeln in den Beutel und nimmt zwei Würfel heraus. Gib alle Möglichkeiten der farblichen Zusammenstellung der beiden entnommenen Würfel an.

68 Daniel hat ein Buch und einen Kalender gekauft. Das Buch hat um 10 € mehr gekostet als der Kalender. Zusammen musste er 14 € bezahlen. Wie viel kostete das Buch? Wie viel kostete der Kalender?

PROBLEM LÖSUNG

69 In der 1B-Klasse Klasse wurden 25 Kinder gefragt, welche Klassenfahrt sie in der ersten Klasse gerne durchführen würden. Zur Auswahl standen: „Skikurs“, „Sommersportwoche“ und „andere Projektwoche“. Es durften maximal zwei Projekte gewählt werden.

10 Kinder kreuzten „Skikurs“ und „Sommersportwoche“ an.
5 Kinder kreuzten nur „andere Projektwoche“ an.
2 Kinder kreuzten nur „Sommersportwoche“ an.
Alle anderen kreuzten nur „Skikurs“ an.

Berta möchte mithilfe des abgebildeten Diagramms das Abstimmungsergebnis darstellen. Wie würdest du das Diagramm ausfüllen? Wie viele Kinder würden insgesamt gerne auf Skikurs fahren?

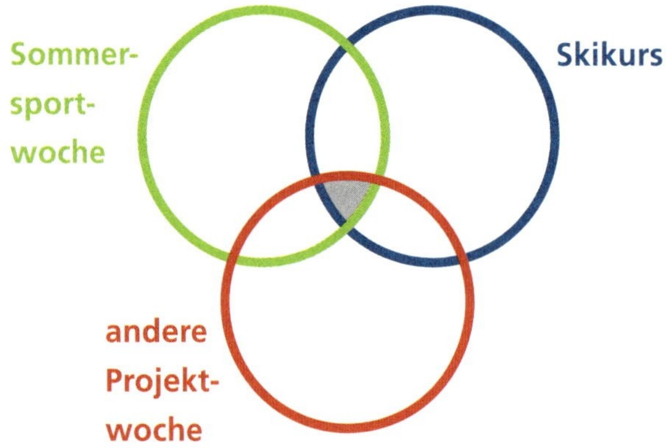

70 Leo liest jeden Tag zu Mittag die Temperatur ab. „Am Mittwoch zu Mittag hatten wir 12 Grad, damit war es um 4 Grad wärmer als am Dienstag zu Mittag. Am Montag war es zu Mittag um 7 Grad kälter als am Dienstag zu Mittag“.

stock.adobe.com/martinprague

a) Welche Temperatur zeigte das Thermometer am Dienstag zu Mittag an?

b) Welche Temperatur zeigte das Thermometer am Montag zu Mittag an?

71 PROBLEM LÖSUNG

Yussuf hat sich einen Zahlentrick überlegt. Er sagt zu Nora: „Schreibe deine Zwischenergebnisse auf einen Zettel, aber bitte so, dass ich nichts davon sehen kann. Ich errate am Schluss deine Startzahl!

1. Wähle als Startzahl eine natürliche Zahl zwischen 20 und 40.
2. Multipliziere die Zahl mit 2.
3. Ziehe vom Ergebnis 4 ab.
4. Verfünffache die Differenz.
5. Nenne mir dein Ergebnis."

1. Zahl 2. Zahl 3. Zahl
32
64
60
300

Yussuf hört die Zahl 300 und sagt daraufhin: „Du hast mit 32 begonnen."
„Wie machst du das?", fragt Nora erstaunt und anerkennend.
Als weitere Ergebnisse erhält Yussuf von Nora: 230; 190 und 370.

a) Welche Startzahlen hat Nora jeweils gewählt?
b) Schreibe eine Kurzanleitung, wie man die Startzahl im Kopf berechnen kann, wenn man das Ergebnis hört.

72 In einer Schulklasse wurden die 25 Kinder gefragt, ob sie zuhause einen Hund oder eine Katze als Haustier haben.

(1) 5 Kinder kreuzten „Hund" und „Katze" an.
(2) Insgesamt kreuzten 11 Kinder „Hund" an.
(3) Insgesamt kreuzten 12 Kinder „Katze" an.

Wie viele Kinder kreuzten weder „Hund" noch „Katze" an?

73 PROBLEM LÖSUNG

Aus einem großen Behälter sollen möglichst genau einige Flüssigkeitsmengen in einen Kübel abgemessen werden. Es stehen ein Gefäß mit einer 7-Liter-Markierung und ein Gefäß mit einer 3-Liter- Markierung zur Verfügung.

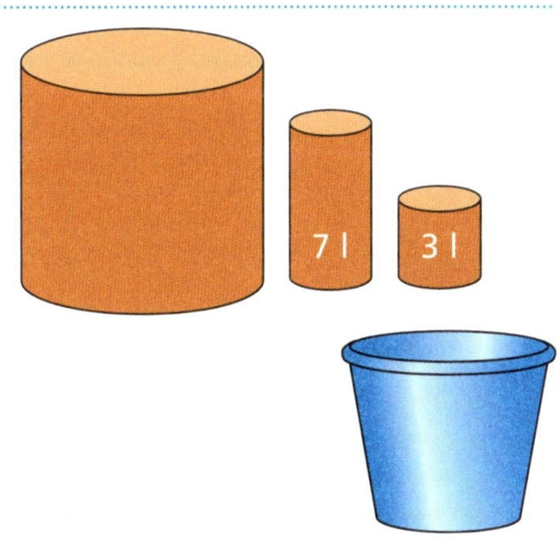

a) Wie können damit exakt 9 Liter abgemessen werden?
b) Wie kann damit exakt 1 Liter abgemessen werden?
c) Wie können damit exakt 5 Liter abgemessen werden?

74 Rechne im Kopf. Achte auf die Zehnerüberschreitung!

a) 36 + 7 =   **b)** 78 + 6 =   **c)** 32 + 9 =   **d)** 23 + 8 =

e) 45 + 9 =   **f)** 28 + 5 =   **g)** 59 + 4 =   **h)** 47 + 5 =

75 Rechne in zwei Schritten.

a) 32 + 15 =   **b)** 35 + 26 =   **c)** 36 + 13 =

d) 54 + 14 =   **e)** 52 + 11 =   **f)** 29 + 23 =

Anleitung:

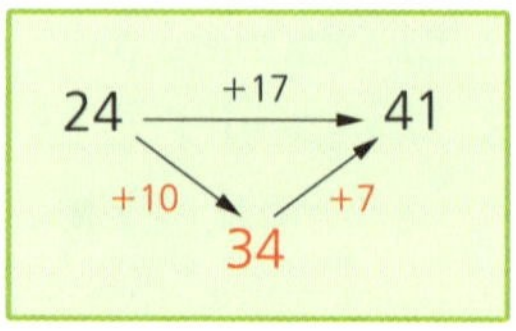

76 Löse die Additionstürme, indem du benachbarte Zahlen zusammenzählst. Schreibe das Ergebnis in das Feld darüber.

a)

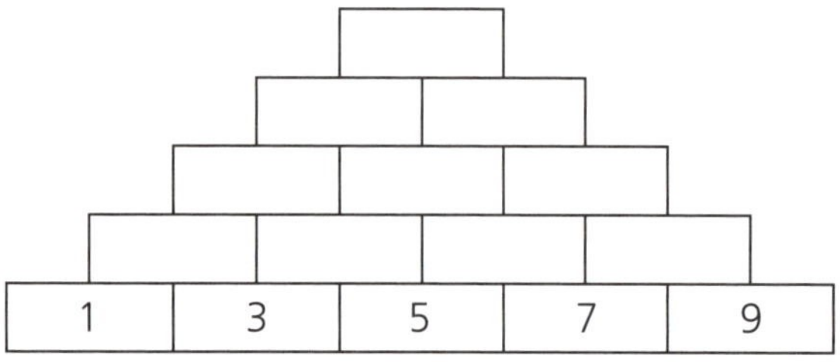

b)

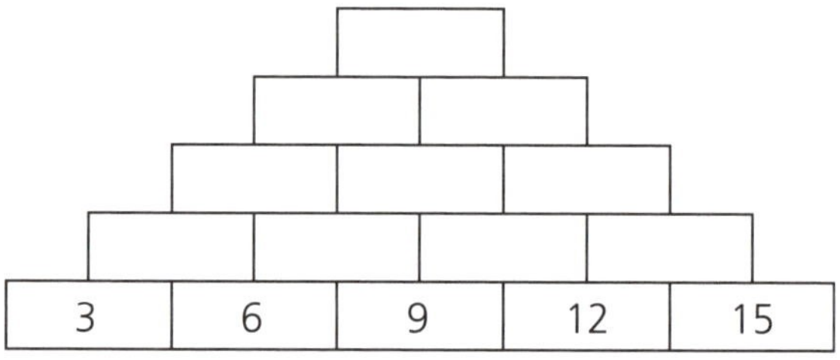

77 Addiere!

a)
2 8 3
7 9

b)
4 6 8
2 3 0

c)
2 8 0 0
7 4 8

d)
7 4 8 0
1 9 0 2

78 Schreibe zuerst stellenwertrichtig untereinander und bilde dann die Summe!

a) 3 870, 409, 743   **b)** 508, 78, 212

79 Diese Additionen haben besondere Ergebnisse!

a)
1 1 2
4 4 4
+ 4 4 4

b)
1 2 3
3 3 4
+ 6 5 4

c)
2 4 6
4 6 8
+ 1 7 4

d)
9 9 9
6 6 6
+ 5 5 5

80 Die Kinder denken sich Zahlen aus. Wie groß ist jeweils die Summe?

a) Lena

b) Lukas

c) Kai

81 Welche Addition ist hier dargestellt?

a) 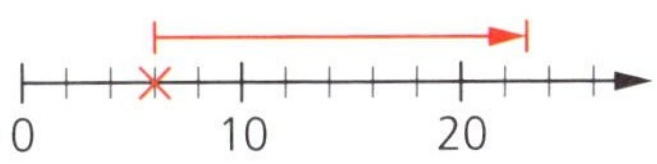

b) 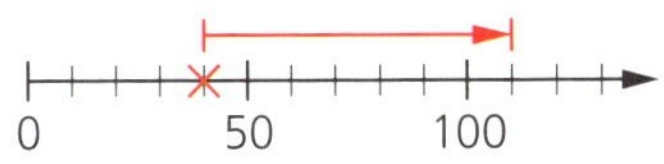

c) 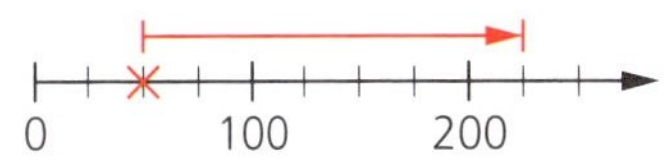

82 Stelle folgende Additionen auf einem Zahlenstrahl dar.

a) 18 + 12 =

b) 30 + 25 =

83 Gib für jede Zahlenfolge die Gesetzmäßigkeit an und berechne die nächste Zahl.

a) 0, 5, 10, 15 …

b) 7, 13, 19, 25 …

c) 0, 10, 30, 60 ….

84 Rechne vorteilhaft, indem du die Rechengesetze der Addition sinnvoll anwendest.
Gib an, in welcher Reihenfolge du jeweils rechnest und warum!

a) 65 + 37 + 35 =

b) 46 + 32 + 14 + 18 =

c) 36 + 21 + 49 + 27 =

85 Wie ändert sich der Wert der Summe bei der Rechnung c + d = e, wenn …

a) der Summand c um 5 vergrößert wird?

b) der Summand d um 3 verkleinert wird?

c) beide Summanden um 5 vergrößert werden?

d) einer der Summanden um e vergrößert wird?

86 Schreibe die Zahlen stellenwertrichtig untereinander und addiere! Überprüfe dein Ergebnis mit einer Überschlagsrechnung.

a) 678, 720, 3 802

b) 43 785, 9 631, 15 890

87 Entscheide bei diesen Aufgaben, ob du schriftlich oder im Kopf rechnest, und berechne die Summe.

a) 397 + 43 =

b) 723 + 67 =

c) 25 + 740 =

d) 630 + 240 =

88 Rechne im Kopf. Achte auf die Zehnerunterschreitung!

a) 34 − 8 = ___ **b)** 41 − 5 = ___ **c)** 55 − 9 = ___

d) 125 − 7 = ___ **e)** 32 − 8 = ___ **f)** 23 − 6 = ___

89 Berechne die Differenz!

a) 56 − 10 = ___ **b)** 65 − 20 = ___ **c)** 36 − 10 = ___

d) 67 − 30 = ___ **e)** 28 − 10 = ___ **f)** 48 − 20 = ___

90 Ergänze auf 100!

a) 40 + ___ = 100 **b)** 78 + ___ = 100 **c)** 91 + ___ = 100

d) 70 + ___ = 100 **e)** 85 + ___ = 100 **f)** 88 + ___ = 100

91 Berechne die Differenz!

a) 4 6 3 − 3 2 **b)** 7 8 0 − 1 6 5 **c)** 2 2 0 0 − 1 8 3 **d)** 9 0 5 − 6 8 6

92 Schreibe zuerst stellenwertrichtig untereinander und bilde dann die Differenz!

a) 423, 75 **b)** 2 540, 903

93 Bestimme die größere Zahl und berechne dann den Unterschied!

a) 180, 196 **b)** 278, 288

94 Ritter Kuno besitzt viele Schatzkisten mit Golddukaten. Er nimmt aus jeder Kiste 25 Dukaten heraus. Wie viele Dukaten bleiben noch in jeder Kiste?

a)

b)

c)

d)

95 Besondere Ergebnisse:

a) 5 5 5 5 5 − 1 2 3 4 **b)** 8 1 4 6 − 3 6 9 **c)** 2 2 3 3 − 9 9 9 **d)** 6 9 2 4 − 2 5 8

96 Welche Subtraktion ist dargestellt?

a) 

b) 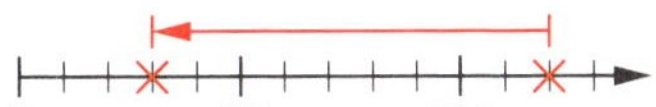

c) 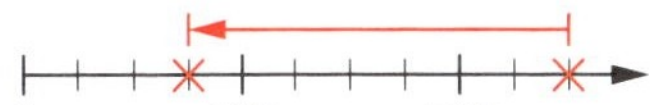

97 Welche Subtraktion ist dargestellt? Gib die Rechnung mit Buchstaben an!

a) 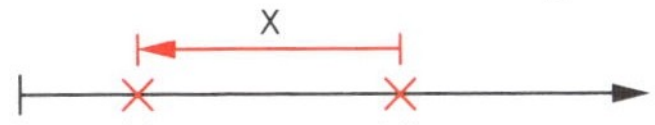

b) 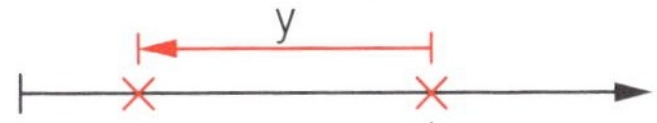

c) 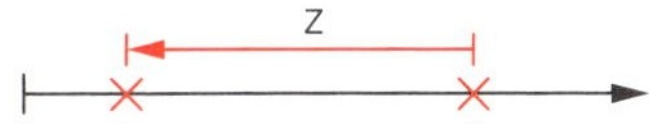

98 Ergänze auf den nächsten Hunderter. Schreibe die Zahl in das blaue Kästchen!

a) 39 b) 207 c) 560 d) 970

99 Subtraktionstürme: Die Differenz zweier benachbarter Zahlen steht im Kästchen darüber.

a)

297	148	89	36

b)

12			
	18		
71			
163			

100 Rechne vorteilhaft, indem du zuerst die Subtrahenden addierst.

a) $256 - 43 - 7 =$ b) $836 + 65 - 50 - 112 =$ c) $255 - 62 + 40 - 49 =$

101 Subtrahiere von jeder Zahl der linken Seite jede Zahl der rechten Seite und male das Ergebnis an.

6 356	12 875	–	4 340	2 874	56	875

Ergebnisse:

2 016	3 482	5 481	6 300	8 535	10 001	12 000	12 819

102 PROBLEM LÖSUNG

Albert, Bernd und Chris möchten einen Fluss überqueren. Das Ruderboot kann nur eine Last von maximal 160 kg befördern. Albert wiegt 75 kg, Bernd wiegt 85 kg und Chris wiegt 90 kg. Wie kommen die drei mit diesem Boot rudernd und ohne Verwendung weiterer Hilfsmittel rasch über den Fluss?

stock.adobe.com/Barbara C

103 Wiederhole die Malreihen. Ergänze die Tabelle!

·	2	4	5	10	8	3	6	9	7
5									
6									
7									
8									
9									

104 Berechne!

a) 4 8 · 5   b) 5 6 3 · 8   c) 9 7 · 6   d) 1 2 8 · 7

105 Berechne und gib an, bei welchen Rechnungen das Produkt null ist.

a) 136 · 1 =   b) 8 · 7 · 0 · 2 =   c) 65 · 0 · 34 =

d) 248 · 0 =   e) 2 830 · 1 · 0 =   f) 77 · 1 · 1 =

106 Übe multiplizieren mit mehrstelligen Faktoren!

a) 2 3 · 7 6   b) 1 4 5 · 2 8   c) 2 6 · 3 5

107 Achte auf die Anzahl der Nullen! Lies das Ergebnis laut vor:

a) 25 · 10 =   b) 48 · 100 =   c) 9 · 1 000 =

d) 63 · 10 =   e) 130 · 100 =   f) 17 · 1 000 =

108 Rechne im Kopf und achte auf die Nullen!

a) 60 · 7 =   b) 200 · 8 =

c) 60 · 5 =   d) 50 · 3 =

109 Entscheide selbst: Null(en) anhängen oder Null(en)reihe darunter schreiben.

a) 4 3 · 7 0   b) 2 5 · 8 0 0   c) 1 2 8 · 6 0

110 Schreibe als Produkt oder als Summe von Produkten und berechne.

a) $4 + 4 + 4 =$ ______ = ______ b) $15 + 6 + 15 + 6 + 15 =$ ______ = ______ c) $9 + 9 + 9 + 7 + 7 + 7 =$ ______ = ______

111 Berechne die Produkte im Kopf!

a) $4 \cdot 21 =$ b) $7 \cdot 30 =$ c) $8 \cdot 15 =$ d) $5 \cdot 32 =$

112 Miriam meint, dass man Multiplikationen mit rechteckigen Flächen veranschaulichen kann. Welche Multiplikationen hat Miriam dargestellt? Wieso funktioniert das so?

a) 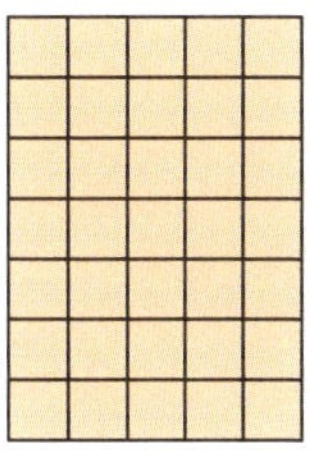 b) 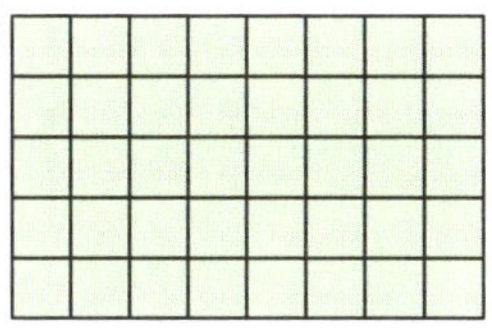 c) 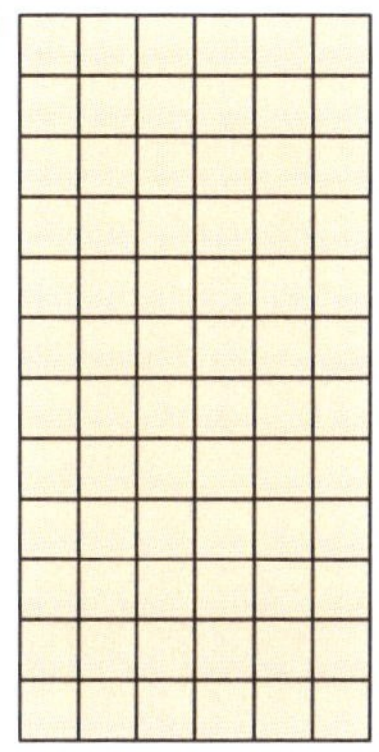 d) 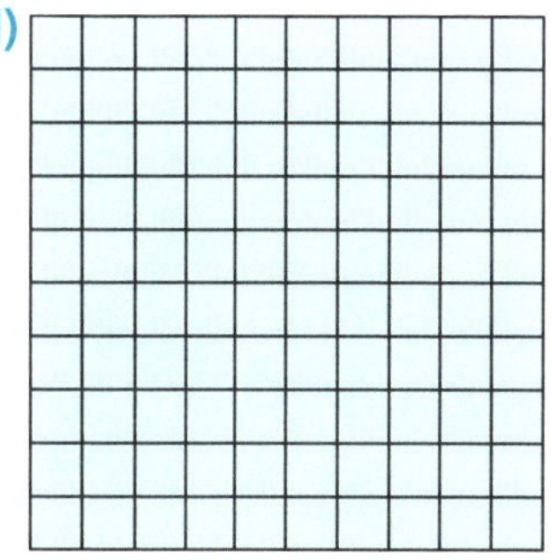

113 Serdan führt die Idee von Miriam weiter. Er sagt: „Dann kann man das Produkt von drei Faktoren mit Quadern veranschaulichen." Welche Multiplikationen hat Serdan dargestellt? Wieso funktioniert das so? Welche Vor- und Nachteile hat die Darstellung?

a) 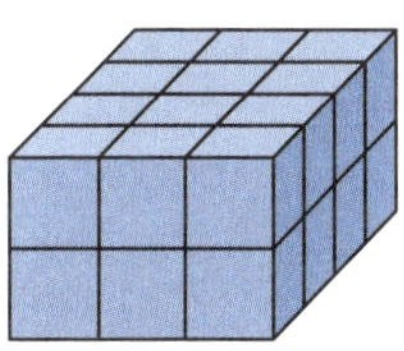 b) 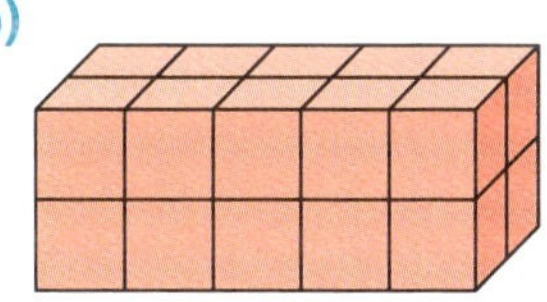 c) 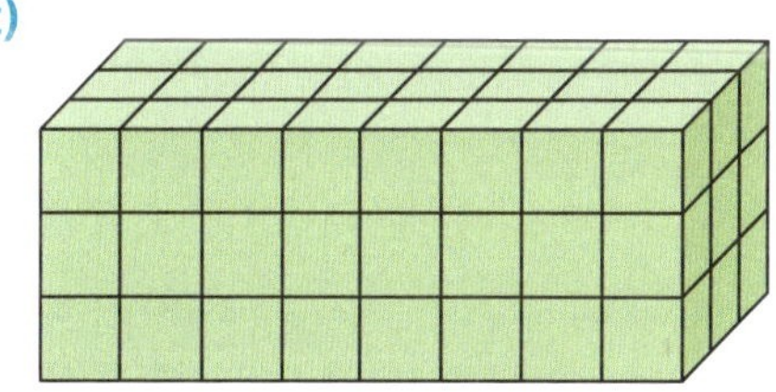

114 Stelle die Multiplikationen grafisch dar!

a) $5 \cdot 3 =$ b) $1 \cdot 6 =$ c) $3 \cdot 2 =$

115 PROBLEM LÖSUNG

Paul sagt zu seiner Mutter: „Wenn die Baumgruppe dort drüben mehr Bäume hätte, wäre es ein Wald!" „Ja", sagt seine Mutter, „dazu gibt es eine Rechnung." Belege gleiche Buchstaben mit gleichen Ziffern, sodass die Rechnung stimmt! Es gibt mehrere Lösungen!

BAUM · 2
WALD

116 Überlege dir zuerst eine Frage. Berechne dann und schreibe eine Antwort auf!

a) Eine Pizzaschnitte kostet 2 €, im Buffet werden 27 Pizzaschnitten verkauft.

b) 24 Kinder der 1A und 20 Kinder der 1B fahren mit dem Bus zur Landesausstellung. Pro Kind werden 5 € eingesammelt.

---

117 Präge dir diese Rechnungen gut ein, sie verhelfen dir zu schnellerem Kopfrechnen!

$2 \cdot 5 = 10$
$20 \cdot 5 = 100$
$2 \cdot 50 = 100$

$8 \cdot 125 = 1\,000$

$4 \cdot 25 = 100$

Wende die Rechenvorteile bei den folgenden Rechnungen an.

Beispiel: $25 \cdot 7 \cdot 4 = 100 \cdot 7 = 700$
$25 \cdot 4 = 100$

a) $16 \cdot 5 \cdot 2 =$ **b)** $5 \cdot 44 \cdot 2 =$ **c)** $20 \cdot 5 \cdot 7 =$

d) $4 \cdot 5 \cdot 25 =$ **e)** $125 \cdot 3 \cdot 8 =$ **f)** $9 \cdot 2 \cdot 50 =$

118
a) Berechne das Doppelte von 17.
b) Wie viel ist das Fünffache von 12?
c) Ermittle das Dreifache von 11.
d) Berechne das Vierfache von 20.
e) Stelle das Zehnfache von 7 fest.
f) Wie groß ist das Doppelte von 25?

---

119 Fülle die Felder mit gleichen Ergebnissen mit derselben Farbe. Du benötigst sechs Farben.

$40 \cdot 60$ | $30 \cdot 4$ | $15 \cdot 100$ | $10 \cdot 20$ | $25 \cdot 4$ | $30 \cdot 80$ | $500 \cdot 3$ | $500 \cdot 2$ | $60 \cdot 2$ | $200 \cdot 5$ | $40 \cdot 5$ | $50 \cdot 2$

120 Alina gibt das Produkt der folgenden Rechnung innerhalb einer Sekunde an.
Wie ist das möglich?
$3 \cdot 4 \cdot 25 \cdot 18 \cdot 0 \cdot 7 =$

121 Rechne möglichst vorteilhaft.

a) $2 \cdot 37 \cdot 5 =$ b) $4 \cdot 7 \cdot 25 =$ c) $7 \cdot 4 \cdot 5 =$ d) $9 \cdot 50 \cdot 6 =$

✓ **122** Rechne auf zwei Arten und vergleiche deine Ergebnisse.
Wende das Verteilungsgesetz an. Welche Art zu rechnen ziehst du vor? Begründe!

a) $3 \cdot (75 + 15) =$ b) $6 \cdot (7 + 13) =$ c) $7 \cdot (53 - 23) =$ d) $9 \cdot (24 - 15) =$

123 Rechne vorteilhaft durch das Herausheben gleicher Faktoren!

a) $7 \cdot 25 - 7 \cdot 8 =$ b) $9 \cdot 7 + 12 \cdot 7 =$ c) $12 \cdot 13 - 12 \cdot 9 =$ d) $5 \cdot 6 + 2 \cdot 5 =$

124 Mach eine Überschlagsrechnung und vergleiche mit dem genauen Ergebnis.

a) $83 \cdot 37 =$ b) $24 \cdot 17 =$ c) $785 \cdot 38 =$ d) $230 \cdot 77 =$

125 Erkenne durch Überschlagsrechnungen die drei falschen Ergebnisse!

a) $83 \cdot 38 = 2424$ b) $37 \cdot 29 = 3729$ c) $91 \cdot 39 = 3549$ d) $88 \cdot 12 = 816$

126 Berechne schriftlich und wende Rechenvorteile an!

a) $356 \cdot 18 =$ b) $324 \cdot 20 =$ c) $262 \cdot 305 =$ d) $288 \cdot 105 =$

127 Durch 2 zu teilen bedeutet, die Hälfte zu berechnen.
Berechne im Kopf.

a) 40 : 2 = b) 60 : 2 =

c) 50 : 2 = d) 800 : 2 =

128 Vorteilhaftes Dividieren durch 4 im Kopf: Nimm die Hälfte und dann noch einmal die Hälfte!

Beispiel: 100 : 4 Berechne 100 : 2 = 50 und 50 : 2 = 25 ⇒ 100 : 4 = 25

a) 80 : 4 = b) 160 : 4 = c) 200 : 4 =

d) 120 : 4 = e) 600 : 4 = f) 1 000 : 4 =

129 Wiederhole: Wie oft ist die kleine Zahl in der großen enthalten?

a) 63 : 7 = b) 48 : 8 = c) 36 : 4 =

d) 56 : 8 = e) 63 : 9 = f) 48 : 6 =

130 a) Berechne die Hälfte von 28. b) Ermittle ein Drittel von 24.

c) Wie groß ist ein Viertel von 36? d) Gib ein Viertel von 40 an.

131 Rechne mit Anschreiben darunter!

a) 2 2 5 : 3 = b) 1 5 5 2 : 8 = c) 1 8 0 6 : 7 =

132 Hier erhältst du besondere Ergebnisse!

a) 2 0 7 0 : 6 = b) 3 8 8 5 : 5 = c) 2 7 2 7 : 3 =

133 Hier kannst du „kurz" rechnen und Nullen ans Ergebnis „anhängen".

a) 17 500 : 5 = b) 42 000 : 7 =

134 Streiche gleich viele Nullen vor dem Dividieren.

a) 32 000 : 400 = b) 12 000 : 6 000 = c) 560 : 80 =

135 Hier sind Fehler passiert. Überprüfe und stelle die Ergebnisse richtig!

a) 4 400 : 110 = 400 b) 72 000 : 90 = 80 c) 360 : 60 = 60

136 Gib an, ob es sich um Messen („enthalten sein in") oder Teilen handelt und formuliere jeweils eine Antwort.

a) 15 Beeren werden auf drei Kinder aufgeteilt. Wie viele Beeren bekommt jedes Kind?

b) 20 Pralinen werden in Viererpackungen verpackt. Wie viele Packungen können gefüllt werden?

c) Die Kosten für den Bus (175 €) werden gleichmäßig auf 25 Reisegäste aufgerechnet. Wie viel hat eine Person zu bezahlen?

137 Finde zu jeder Division zwei weitere Divisionen, die denselben Quotienten haben. Erkläre, wie du vorgegangen bist.

a) 60 : 5 = b) 35 : 7 = c) 120 : 30 =

138 Die beiden untereinander stehenden Rechnungen haben unterschiedliche Ergebnisse. Warum ist das so?

a) 36 : (12 : 3) =
(36 : 12) : 3 =

b) (120 : 4) : 2 =
120 : (4 : 2) =

c) 450 : (15 : 3) =
(450 : 15) : 3 =

139 Gib den Quotienten an bzw. streiche die Rechnung durch, falls sie nicht durchführbar ist.

a) 0 : 5 = b) 8 : 0 = c) 0 : (15 : 3) =

d) 23 : 23 = e) 9 : (15 − 5 · 3) = f) 0 : 0 =

140 Multipliziere bzw. dividiere durch 10 oder 100! Achte auf das Rechenzeichen!

a) 70 : 10 = b) 80 · 10 = c) 5 900 · 100 = d) 8 900 : 100 =

141 Kreuze die richtigen Aussagen an!

- [ ] a) Wenn in einer Division nur der Divisor vergrößert wird, verringert sich der Quotient.
- [ ] b) Wird in einer Division nur der Dividend vergrößert, verringert sich der Quotient.
- [ ] c) Werden Dividend und Divisor mit derselben Zahl multipliziert, bleibt der Quotient gleich.
- [ ] d) Als Probe zur Division ohne Rest kann eine Multiplikation durchgeführt werden.

142 Kopfrechnungen: Pass hier gut auf! Manche Rechnungen sind nicht möglich.

a) 123 : 123 =   **b)** 9 : 0 =   **c)** 99 : 99 =

d) 265 : 1 =   **e)** 0 : 1 =   **f)** 87 : 0 =

143 Male gleiche Ergebnisse mit derselben Farbe an. Du benötigst sechs Farben. Löse diese Aufgaben im Kopf und schreibe das Ergebnis daneben hin.

140 : 7   26 : 2   180 : 3   160 : 80   200 : 5

39 : 3   450 : 9   240 : 4   800 : 20

100 : 2   180 : 9   24 : 12

144 Übe das Dividieren durch einen zweistelligen Divisor:

a) 3 2 4 : 1 2 =   **b)** 8 0 5 : 2 3 =   **c)** 1 1 2 5 : 2 5 =

Überlege dir zuerst eine Frage. Berechne dann und schreibe eine Antwort auf!

145 Ein Marathon ist ungefähr 42 000 m lang. Die Laufbahn im Stadion hat eine Länge von 400 Metern.

146 Das Buch „Die Wilden Hähne“ hat 84 Seiten. Bahar will täglich 12 Seiten lesen.

147 Im Kino „cine-pix“ gibt es 275 Sitzplätze, aufgeteilt auf 11 Reihen.

ingimage.com

148 Im vollen Parkhaus sind 180 Autos abgestellt. In jedem Stockwerk haben maximal 60 Autos Platz.

149 Bei den folgenden Divisionen bleibt ein Rest. Berechne und gib den Rest an!

a) 1 9 5 : 8 = b) 2 4 7 : 9 = c) 3 0 8 9 : 7 = d) 2 5 0 0 : 3 =

150 Manuela und Thorsten haben die Rechnung 119 : 8 gerechnet.
Sie besprechen, wie sie eine Probe durchführen können.
Manuela sagt: „Ich ziehe die 7 von 119 ab und dividiere durch 14.
Wenn dabei 8 herauskommt, ist unsere Rechnung richtig."
Thorsten versteht das nicht. Wie kann Manuela mit einer Grafik zeigen, dass sie recht hat?

119 : 8 = 14
 39
  7 Rest

151 Bei den folgenden Divisionen bleibt kein Rest. Mach zuerst eine Überschlagsrechnung, berechne dann und führe eine Probe durch.

a) 2 1 9 6 : 12 = b) 2 4 7 5 : 99 = c) 3 0 6 0 : 17 =

152 Vergleiche die Zahlen durch Bilden der Differenz und des Quotienten.

a) Lisa hat 70 € gespart. Uwe hat 210 € gespart.

b) Bertha ist 11 Jahre alt, ihr Großvater ist 66 Jahre alt.

c) Der Schulweg von Lukas beträgt 600 m, Melanie wohnt 150 m von der Schule entfernt.

153 Eine Erbschaft von 60 500 € wird zu gleichen Teilen unter fünf Söhnen aufgeteilt.
Wie viel erhält jeder der Erben?

154 Löse die Aufgaben. Vergleiche die Ergebnisse und erkläre, warum nicht alle gleich sind:

a) 70 − 22 − 14 = **b)** 70 − (22 + 14) = **c)** 70 − (22 − 14) =

155 Im Shop „*Gut & Günstig*" werden diese Waren angeboten.

a) Überlege, was du berechnen könntest! Musst du dazu „+" oder „−" oder beides rechnen?

(1) Leo kauft ein T-Shirt, Sportschuhe und eine Kappe.

(2) Lena hat 35 € in der Geldbörse, sie kauft Flip-Flops und eine kurze Hose.

(3) Merima möchte ein T-Shirt, eine Kappe und Flip-Flops kaufen. Sie hat 30 Euro.

b) David hat 24 €. Welche Waren kann er um diesen Betrag kaufen? Gib alle Möglichkeiten an.

156 Was ist hier die Frage? Finde eigene Lösungswege!

a) Im Autobus sitzen 28 Personen. Bei der ersten Haltestelle steigen 6 Personen aus und 9 Personen ein.

b) Anna hat 10 €, sie kauft ein Getränk um 2 € und Obst um 3 €.

c) Votim hat 8 €, er bekommt 7 € Taschengeld und gibt 6 € für ein Spiel aus.

d) Im Radkeller hängen 50 Fahrradhelme. 17 Helme werden der 1A und 12 der 1B für den Radausflug geborgt.

157 Familie Harnisch war fischen. Jeder hat einen Fisch gefangen.
Papas Fisch wiegt 5 kg, Mamas Fisch 6 kg, Jakobs Fisch ist 3 kg schwer, Peters Fisch wiegt 4 kg und Laras Fisch 2 kg.
Die Familie möchte genau 15 kg Fisch mit nach Hause nehmen, den Rest schenkt sie den Nachbarn.
Welche Fische werden den Nachbarn geschenkt? Findest du alle Möglichkeiten?

158 Ordne die Fachbegriffe den Rechenarten zu, indem du die entsprechende Farbe verwendest.

Addition	Subtraktion	Multiplikation	Division

Minus · Summe · Summand · Differenz · Minuend · mal nehmen

teilen · Dividend · Produkt · Faktor · Quotient · Subtrahend

Divisor · wegnehmen · plus · vervielfachen · Doppelpunkt

159 Berechne! Achte auf die Vorrangregeln.

a) $7 \cdot 4 + 6 \cdot 9 - 23 =$ **b)** $45 - 6 \cdot 5 + 7 \cdot 3 =$ **c)** $405 - 368 : 2 - 246 : 3 =$

160 Sophie und Edin sprechen über die Rechnung: $(2 + 4 \cdot 5) - 7 =$

Sophie versteht Edin noch nicht. Wie kann er ihr erklären, was er genau meint?

161 Berechne! Achte auf die Vorrangregeln – auch innerhalb der Klammern!

a) $(101 - 17 \cdot 4) : (9 - 2 \cdot 3) =$ **b)** $603 - (76 + 18 \cdot 8) - 7 \cdot 3 =$ **c)** $(12 : 3 + 2) + 36 =$

✓ **162** Setze Rechenzeichen so, dass das angegebene Ergebnis stimmt.

a) 8 ☐ 5 ☐ 3 = 37 **b)** 100 ☐ 5 ☐ 7 = 27 **c)** 6 ☐ 4 ☐ 3 = 18

163 Ersetze gleiche Buchstaben durch gleiche Ziffern, sodass die Rechnung stimmt. Bei einer Lösung sind S und W mit demselben Zahlenwert zu belegen.

PROBLEM LÖSUNG

EINS + ZWEI · 2 = FÜNF

164 Beachte die Rangordnung – Klammer vor Punkt:

a) $(18 + 2) \cdot 4 =$ b) $(16 + 8) : 3 =$ c) $(21 + 9) \cdot 2 =$

165 Es gilt: Punktrechnung vor Strichrechnung!

a) $8 \cdot 6 + 4 =$ b) $36 : 4 - 5 =$ c) $22 - 42 : 6 =$

166 Bist du ein Rechenprofi? Kontrolliere die Ergebnisse und entscheide dann, ob eine Klammer gesetzt werden muss oder nicht. Begründe!

a) $20 - 3 \cdot 5 = 5$ b) $4 + 2 \cdot 6 = 36$ c) $3 \cdot 6 + 2 = 20$

Was kannst du hier berechnen? Schreibe die Frage auf und berechne dann. Mit der Lösungsschlange kannst du deine Ergebnisse vergleichen.

167 In der Klasse sind 23 Kinder. Für jedes Kind wird ein Rätselheft um 4 € bestellt.

168 Nach der Projektwoche berichtet der Klassenvorstand, dass vom eingesammelten Geld noch 180 € übrig sind. Die 20 Kinder der Klasse haben daran teilgenommen.

169 Die 21 Kinder der 1B fahren mit der Lehrerin in den Tierpark, der Eintritt kostet für alle zusammen 126 €.

170 Der Eintritt in den Naturpark kostet 3 €. Die Lehrerin zahlt für die Gruppe 72 €.

171 Die 1A (23 Kinder) und die 1B (22 Kinder) waren gemeinsam im Kino. Der Lehrer bezahlte für beide Klassen zusammen 225 € Eintritt.

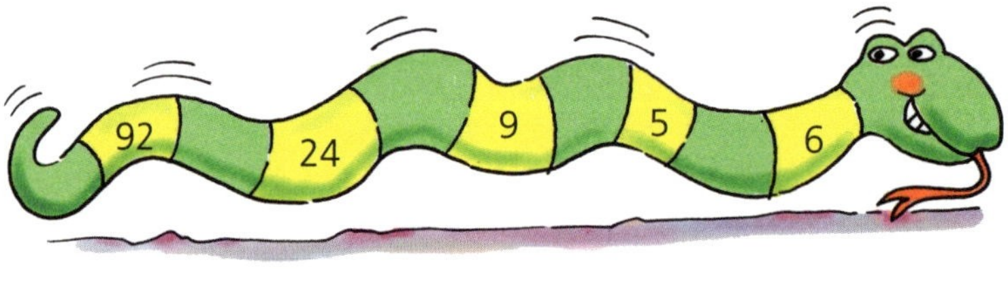

172 Kreuze jene beiden Rechnungen an, die zum Ergebnis 12 führen!

☐ **a)** $7 \cdot 4 - 4 \cdot 4 =$ ☐ **b)** $51 - (10 \cdot 3 - 4 \cdot 2) =$ ☐ **c)** $(40 - 8 : 2) : (25 - 88 : 4) =$

173 Schreibe die Rechnungen mit den nötigen Klammern in einer Zeile an und berechne.

a) Multipliziere die Differenz von 23 und 17 mit 5.

b) Dividiere die Summe von 12 und 9 durch 3.

c) Multipliziere die Summe von 15 und 10 mit der Differenz der beiden Zahlen.

d) Dividiere die Summe von 15 und 10 durch die Differenz der beiden Zahlen.

174 Die Lehrerin macht mit ihrer Klasse die Abrechnung für die fünftägige Klassenfahrt.
Für einen Museumsbesuch kostete die Gruppenkarte für 23 Kinder 69 €.
Der Fahrpreis für den Zug kam auf 7 € pro Kind. Jedes Kind musste für jede der vier Nächtigungen mit Verpflegung 27 € bezahlen.
Im Kino kosteten die Karten der Kinder zusammen 92 €.

a) Wieso sind es nur vier Nächtigungen, obwohl es eine fünftägige Klassenfahrt war?

b) Wie viel Euro kostete die Klassenfahrt für jedes Kind?

c) Wie viel Euro muss die Lehrerin insgesamt von den Kindern einsammeln?

✓ **175** Schau dir den Rechenausdruck genau an: $(a + b) \cdot c - (d \cdot e) =$
Welche Klammern können weggelassen werden und warum?

176 Ersetze diese Platzhalter durch Zahlen, sodass die Gleichung richtig ist.

a) ⌛ + 8 = 13 **b)** ☼ · 6 = 24 **c)** 24 : ♥ = 3

177 Wie viele Saftpackungen musst du dazugeben, damit jede Waage wieder im Gleichgewicht ist? Schreibe als Gleichung.

Beispiel: 5 = 3 + x

a)

b)

c)

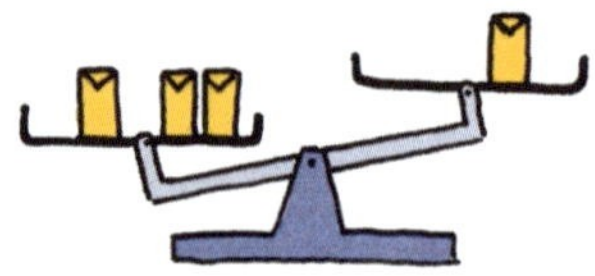

178 Ein Platzhalter kann auch ein Buchstabe sein. Finde die Lösung durch Probieren.

a) a + 12 = 20 **b)** 4 · x = 28 **c)** d : 3 = 5

179 Meistens wird als Platzhalter die Variable x verwendet:

a) 88 : x = 11 **b)** x : 3 = 8 **c)** 30 − x = 25

180 Wie viel Gramm musst du ergänzen, damit die Waage im Gleichgewicht bleibt?

a)

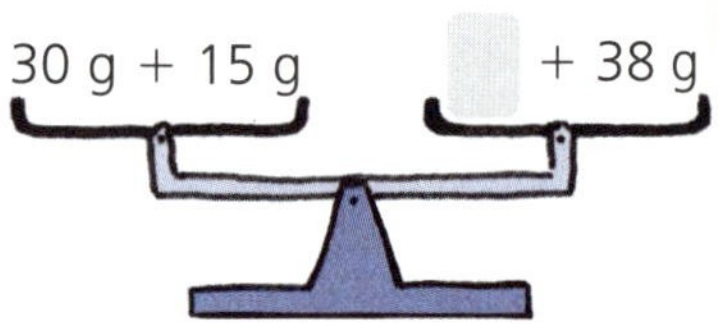

b)

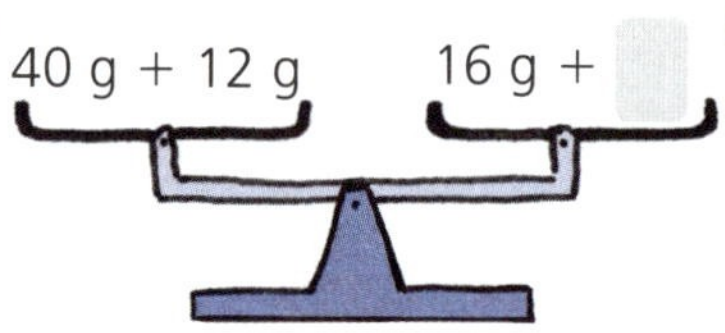

c)

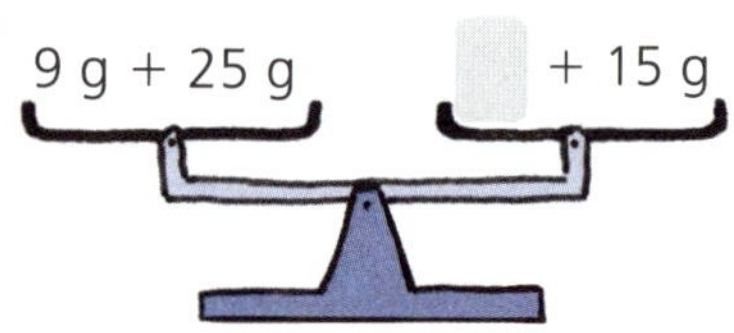

181 Stelle durch Ausrechnen fest, ob die jeweilige Gleichung richtig ist.

a) 17 + 5 = 20 **b)** 63 = 9 · 7 **c)** 8 + 13 = 30 − 9

182 Wie viel dag wiegt jedes Kuscheltier? Schreibe als Gleichung an und löse sie. Alle Gewichtsangaben sind in dag.

a)

b)

183 Stelle durch Einsetzen fest, ob die Zahl 15 eine Lösung der Gleichung ist!

a) $4x - 7 = 52$ **b)** $30 : y = 2$ **c)** $90 : z = 24 - 18$ **d)** $7 \cdot d - 100 = 5$

184 Mustafa und Gabriel sind zusammen 24 Jahre alt.
Welche Gleichungen stellen dies korrekt dar (m … Alter von Mustafa, g … Alter von Gabriel)?
Begründe, warum die anderen Gleichungen nicht stimmen!

(1) $g + m = 24$ **(2)** $24 - m = g$ **(3)** $m - g = 24$ **(4)** $24 - g = m$ **(5)** $m + 24 = g$

185 Bestimme die Masse des Quaders.

a)  + 13 dag = 35 dag **b)** 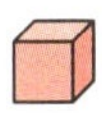 + 9 dag = 26 dag **c)** 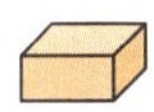 + 39 dag = 45 dag

 = dag  = dag 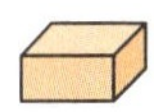 = dag

186 Gleichfarbige Würfel haben die gleiche Masse. Bestimme für jeden Würfel die Masse!
Erinnere dich: 1 kg = 100 dag

a)  + 28 dag = 1 kg **b)**  + 34 dag = 1 kg **c)**  + 89 dag = 2 kg

 = dag 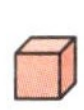 = dag 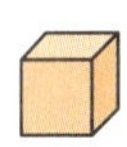 = dag

187 Jeder Würfel hat dieselbe Masse. Aleya und Melvin machen Vorschläge, wie sich die Masse eines Würfels berechnen lässt.

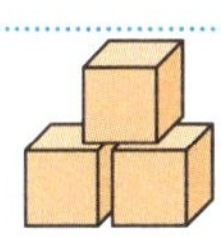 + 5 = 50

Aleya: „Ich subtrahiere im Kopf 5 dag von 50 dag. Das ergibt 45 dag. Diese 45 dag dividiere ich durch 3 und erhalte 15 dag Masse für jeden der drei Würfel."

Melvin: „Ich löse im Heft die Gleichung $3 \cdot x + 5 = 50$."

a) Nenne für jeden Lösungsweg einen Vorteil!

b) Löse die Gleichung von Melvin und vergleiche mit dem Ergebnis von Aleya.

188 Ordne die Gleichungen der grafischen Darstellung zu, indem du den Buchstaben einträgst:

a) $x - 7 = 10$

b) $x + 7 = 10$

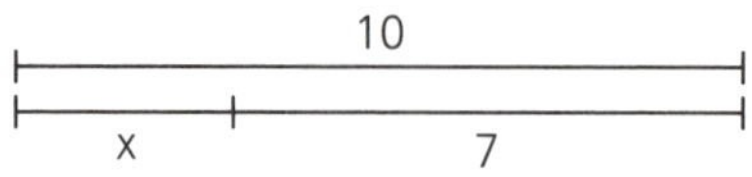

(1)

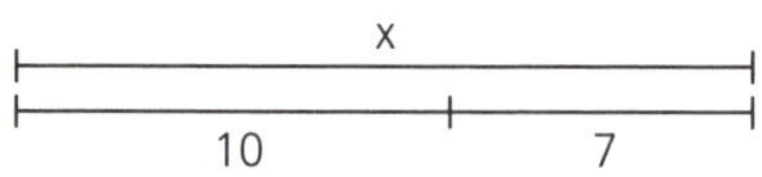

(2)

189 Gegeben sind die beiden Gleichungen $x + 2 = 5$ und $5 - x = 2$.

a) Wie groß ist der Wert x bei beiden Gleichungen?

b) Erkläre mit einer Grafik, warum x in beiden Gleichungen denselben Wert hat.

190 Addiere drei aufeinanderfolgende Zahlen und du erhältst 12. Wie gehst du vor, um die drei Zahlen zu finden?

191 An der Tafel steht folgende Gleichung: $x + 9 = 45$.
Lena sagt: „Ich überlege, wie viel von 9 auf 45 fehlt, damit ich x finde."
Marcel meint: „Ich subtrahiere und rechne 45 minus 9. So erhalte ich x."
Welche Methode gefällt dir besser, und warum?

192 Erfinde zu diesem Beispiel eine Geschichte: $4 + x = 12$

193 Schreibe für jede Aufgabe eine Gleichung an und löse sie im Kopf.

a) Bei der Multiplikation einer Zahl mit 5 erhält man 115.

b) Wenn von 73 eine Zahl abgezogen wird, erhält man 37.

194 Berechne den Preis für ein Stück mit einer Gleichung. *Erinnere dich*: 1 € = 100 ct

a) Zwei Hefte und ein Radiergummi kosteten 2 € 17 ct. Der Radiergummi kostete 39 ct.

b) Franz zahlt für drei gleiche T-Shirts mit einem 50-€-Schein und bekommt 23 € heraus.

195 Ali und Babsi sind zusammen 27 Jahre alt. Ali ist um drei Jahre jünger als Babsi.
Welcher Lösungsweg ist korrekt? Welcher Fehler wurde im anderen Weg begangen?

1. Weg: $a - 3 = b$
$a + b = 27$
Durch Probieren erhält man:
Ali ist 15 Jahre, Babsi ist 12 Jahre alt.

2. Weg: $27 - 3 = 24$
$24 : 2 = 12$
Ali ist 12 Jahre, Babsi ist 15 Jahre alt.

196 Welche Gleichung gehört zu welchem Text? Verbinde!

	Text
a)	Vier Kinder teilen Himbeeren auf. Jedes bekommt sechs Beeren.
b)	24 Heidelbeeren werden auf sechs Kinder aufgeteilt.
c)	Im Tierheim konnten von 24 Hunden im März vier und im April sechs Hunde erfolgreich vermittelt werden.

$24 : 6 = h$
$24 - 4 - 6 = h$
$4 \cdot 6 = h$

197 Die Gleichung $4x - 6 = 22$ ist zu lösen. Welche Antworten stimmen? Kreuze an!

☐ **a)** $x = 4$; wenn man von 22 die Zahl 6 abzieht, dann bleiben 16 übrig; und $4 \cdot 4 = 16$

☐ **b)** $x = 4$; denn $22 - 6 = 16$ und $16 : 4 = 4$

☐ **c)** $x = 7$; weil $4 \cdot 7 = 28$; wenn man dann 6 subtrahiert, erhält man die Zahl 22

☐ **d)** $x = 7$; $22 + 6 = 28$ und $28 : 4 = 7$

198 Für das Lösen der Gleichung $40 : x + 2 = 7$ gibt es zwei Vorschläge, die beide zum korrekten Ergebnis führen ($x = 8$). Welchen Weg findest du besser und warum?

(1) Ich ziehe die Zahl 2 von 7 ab und dividiere die Zahl 40 durch 5 $\Rightarrow 40 : 5 = 8$

(2) Wenn ich mir statt der Rechnung $40 : x$ einen Platzhalter denke, dann muss der Wert des Platzhalters genau 5 sein. Ich muss also jene Zahl suchen, durch die man 40 dividieren muss, um 5 zu erhalten. Das ist die Zahl 8, denn $40 : 8 = 5$.

199 Trage bei dieser Uhr außen die Minuten ein.
Verwende die 5er-Reihe.

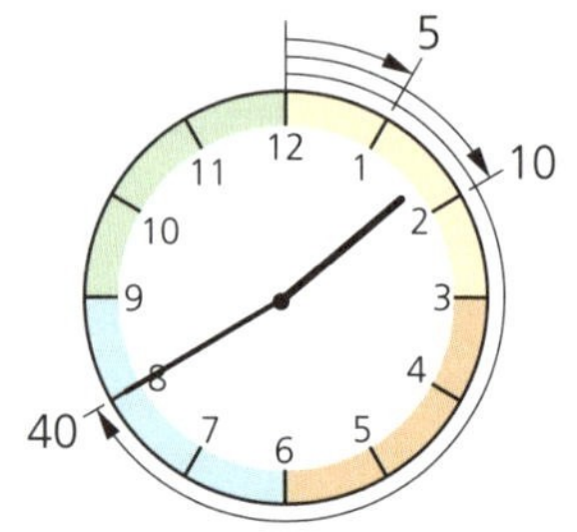

200 Gib die Uhrzeit, die du durch die Zeiger angegeben siehst, digital an. Es gibt zwei Möglichkeiten.

a) 

b) 

c) 

201 Trage die Uhrzeit digital ein. Es gibt immer zwei Möglichkeiten!

a) 

b) 

c) 

d) 

e) 

202 Zeichne die Zeiger in der Uhr ein. Die Uhrzeit ist digital angegeben.

8:15
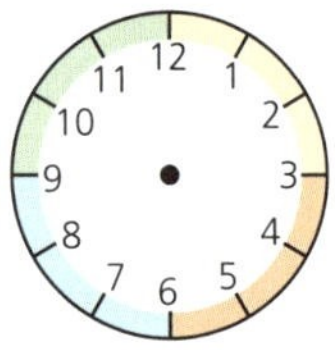

10:30
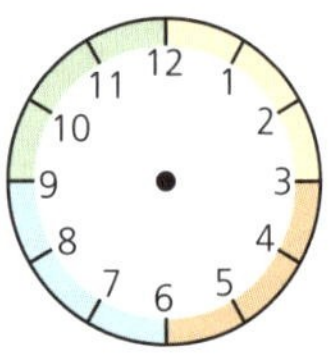

12:45
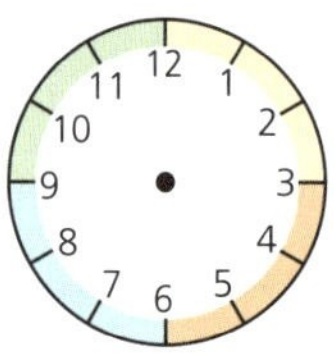

15:50
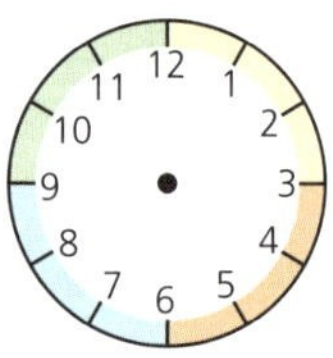

19:25
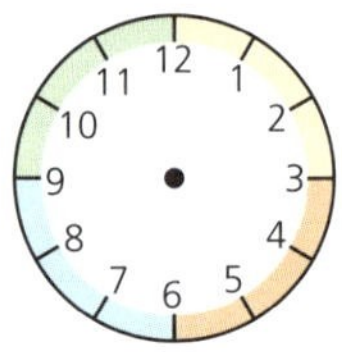

203 Eine Stunde hat 60 Minuten, gib in Minuten an!

a) $\frac{1}{2}$ h = **b)** $1\frac{1}{2}$ h = **c)** 1 h 40 min =

d) $\frac{1}{4}$ h = **e)** $\frac{3}{4}$ h = **f)** 1 h 20 min =

204 Schreibe in Stunden und Minuten!

a) 60 min = **b)** 120 min = **c)** 70 min =

d) 90 min = **e)** 150 min = **f)** 110 min =

205 Eine Minute hat 60 Sekunden, gib in Sekunden an!

a) 1 min = **b)** 2 min = **c)** 60 min =

206 Schreibe in Minuten und Sekunden!

a) 60 s = **b)** 70 s = **c)** 110 s =

207 Ordne den Ereignissen die entsprechende Zeitdauer zu! Trage die Buchstaben richtig ein!

a) 
picturedesk.com/YinGang/ActionPress

100 m Lauf (Weltrekord)

b) 
MEV Verlag/Claude Alberth

Zeitverzögerung: Hören des Donners bei 1 km Entfernung des Blitzes

c) 
Fotolia.com/Kara

1 km mit 60 km/h fahren

d) 
Fotolia.com/marioArte

100 m mit 15 km/h fahren

3 Sekunden | 10 Sekunden | 24 Sekunden | 1 Minute

208 Der Minutenzeiger überstreicht die farbig gekennzeichnete Fläche.
Wie viele Minuten sind in dieser Zeit vergangen?

a) 
b) 
c) 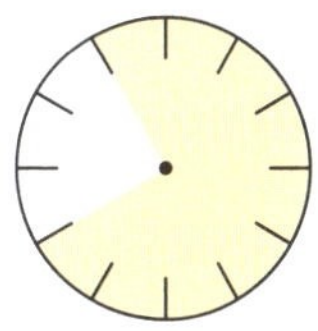
d) 

209 Kennzeichne jenen Bereich, den der Minutenzeiger in der angegebenen Zeitdauer überstreicht.
Beginne bei der 12-Uhr-Markierung.

a) 15 Minuten 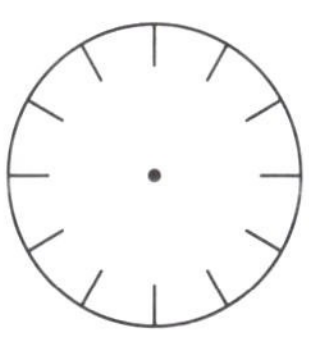
b) 25 Minuten 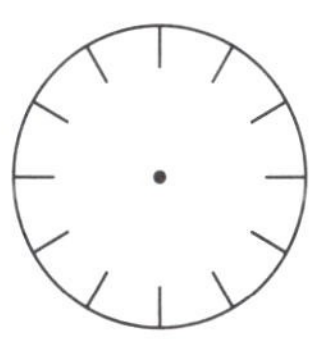
c) 35 Minuten 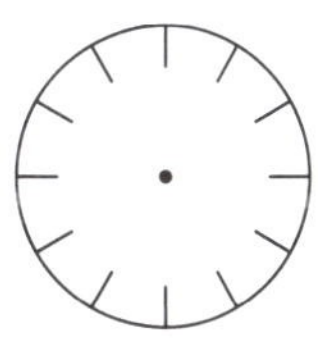
d) 50 Minuten 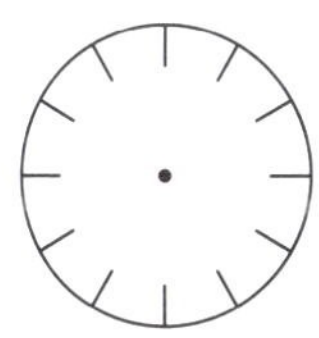

210 Rechne die Zeitdauer um!

in Monate: a) 3 Jahre b) 11 Jahre c) 17 Jahre d) 9 Jahre 8 Monate

in Jahre: e) 48 Monate f) 108 Monate g) 72 Monate h) 96 Monate

211 Rechne die Zeitdauer um!

in Wochen: a) 35 Tage b) 63 Tage c) 77 Tage d) 105 Tage

in Tage: e) 3 Wochen f) 7 Wochen g) 12 Wochen h) 20 Wochen

212 PROBLEM LÖSUNG „Die Tragzeit (= Schwangerschaft) dauert bei Wildschweinen etwa 3 Monate, 3 Wochen und 3 Tage.", sagt die Mutter zu Leon. „Komisch!", meint er, „im Biologiebuch ist die Zeit mit 116 Tagen angegeben!" Wie kann Leon der Mutter zeigen, dass die Angaben trotzdem übereinstimmen?

213 Gib die Minuten an, die von einem Zeitpunkt zum nächsten vergangen sind.

214 Berechne die Zeitdauer jeder Sendung und trage sie in der Tabelle ein. Manchmal musst du in zwei Schritten rechnen:

	Uhrzeit = **Zeitpunkt**	→	**Zeitdauer**	
Beispiel: von 9:45 bis 10:20	9:45 – 10:00	→	15 min	35 min
	10:00 – 10:20	→	20 min	

16:00	Tommys Zoo	
16:20	Fußball	
17:10	Freche Vampire	
17:55	Quiz mit Liz	
18:20	Meine coole Tante	
18:55	Date mit Donna	

215 **Jakobs Schultag**

a) Jakob steht jeden Tag um 6:15 auf, um 7:10 geht er zum Bus. Wie lang hat er Zeit für Waschen, Anziehen und Frühstücken?

b) Der Schulbus fährt um 7:25 ab, die Fahrt dauert 15 Minuten. Wann kommt er in der Schule an?

c) Der Unterricht beginnt um 8 Uhr und endet um 13:45. Wie viele Stunden und Minuten sind das?

d) Der Bus nach Hause fährt um 13:55 ab, er kommt um 14:10 an. Hat die Fahrt gleich lange gedauert wie in der Früh?

e) Jakob erledigt zu Hause nach dem Mittagessen seine Hausübungen und ist um 15:50 damit fertig. Nun geht er bis 17:00 auf den Sportplatz. Wie lang spielt er dort?

f) Danach schaut er im Fernsehen seine Lieblingssendung, sie dauert 40 Minuten und endet um 18:30. Wann hat sie begonnen?

g) Jakob geht um 20:30 Uhr ins Bett. Wie lang schläft er, wenn er um 6:15 Uhr wieder aufsteht?

216 Wann kommt der Zug an?

	a)	b)	c)	d)	e)	f)
Planankunft	9:25	11:07	14:31	17:50	20:56	23:34
Verspätung	15 min	32 min	50 min	13 min	47 min	38 min
Ankunft						

217 Berechne die fehlenden Zeitangaben und trage sie in die Tabelle ein!

	a)	b)	c)	d)	e)	f)
Abfahrt	9:34	11:12		18:36		23:09
Dauer der Fahrt	3 h 20 min		6 h 55 min	2 h 48 min	2 h 28 min	
Ankunft		14:38	15:51		17:45	7:04

218 Sophie erzählt Alexander von ihrer Reise in den Ferien.

a) Wann ist Sophie in Wien angekommen?

b) Wie lang dauerte die reine Fahrzeit?

Als ich in Rom mit dem Zug losfuhr, war es 20:00 Uhr. Die Heimreise hat 12 Stunden und 28 Minuten gedauert. 1 Stunde und 39 Minuten davon verbrachten wir auf unterschiedlichen Bahnhöfen.

219 Ninas Mutter hat im Internet eine Zugverbindung von Wien nach Hamburg herausgesucht und notiert.

Wien ab:	14:52
Nürnberg an:	19:25
Nürnberg ab:	19:34
Hamburg an:	00:08

a) Wie lang dauert die Reise?

b) Wie lang hat man in Nürnberg Zeit zum Umsteigen?

220 Betim sagt: „In einer Million Sekunden fängt das neue Jahr an!“ An welchem Tag im Jahr trifft diese Aussage zu?

PROBLEM LÖSUNG

221 Miss die Längen der Strecken ab und gib sie einnamig (mm) und mehrnamig (cm, mm) an.

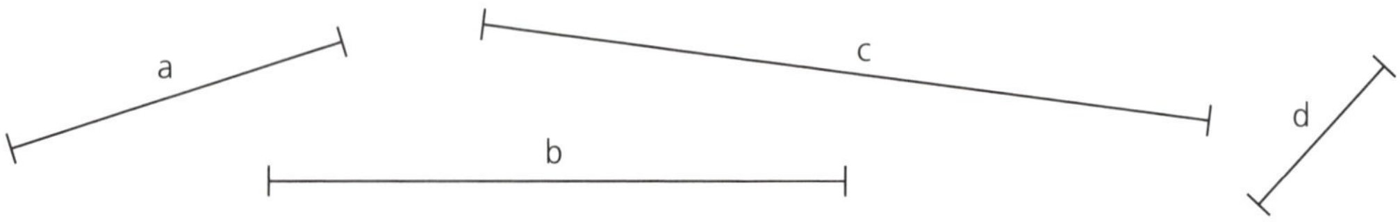

a = ___ mm = ___ cm ___ mm b = ___ mm = ___ cm ___ mm

c = ___ mm = ___ cm ___ mm d = ___ mm = ___ cm ___ mm

222 Zeichne folgende Strecken!

a = 78 mm

b = 43 mm

223 Miss die Strecken a, b, c und d und gib ihre Länge in mm an. Wenn du alle Seitenlängen addierst, erhältst du die Länge des Umfangs dieser Figur:

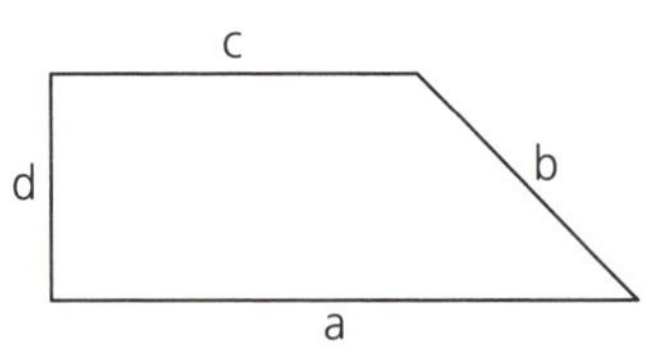

a = ___
b = ___
c = ___
d = ___

u = ___

224 Ziehe alle parallelen Linien mit Farbstift nach. Verwende verschiedene Farben!

a)

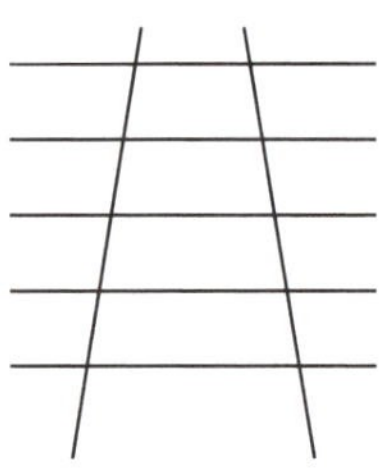

b)

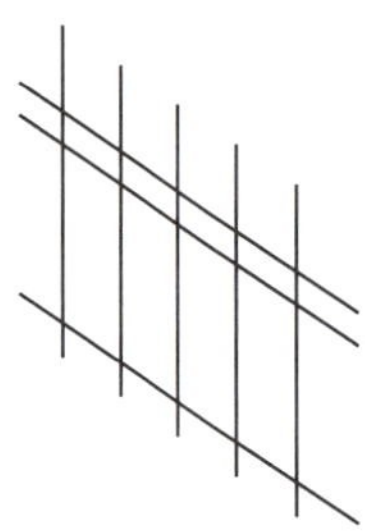

c)

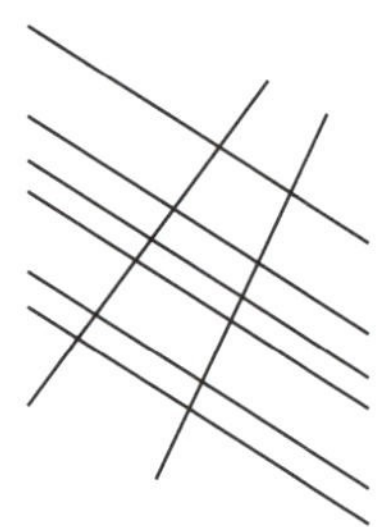

225 Zeichne jeweils eine Normale n zur Geraden g durch die gegebenen Punkte:

226 Die Normale zu einer waagrechten Linie ist eine senkrechte Linie. Ziehe in den Bildern waagrechte Linien grün nach und senkrechte Linien rot.

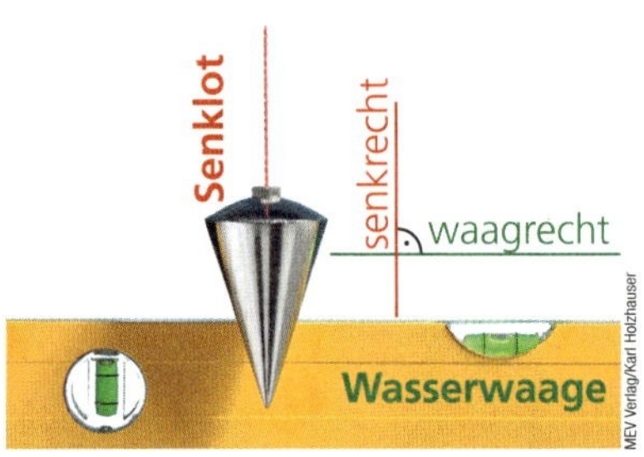

227 Welche Linien in der folgenden Zeichnung sind Strecken? Miss ihre Längen und schreibe sie zu der jeweiligen Strecke! Beschrifte Strahlen mit s, Geraden mit g!

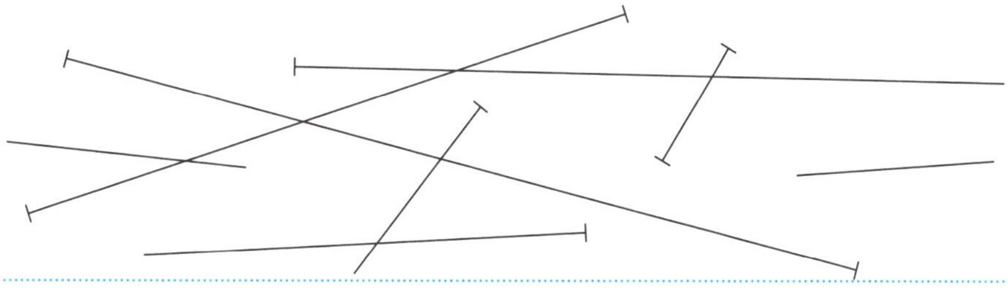

228 Schätze die Längen der Strecken! Miss erst dann mit dem Lineal oder dem Geodreieck genau nach.

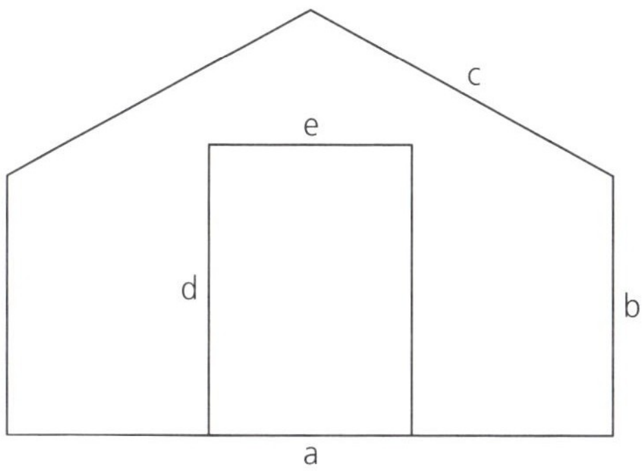

Strecke	geschätzt	gemessen
a		
b		
c		
d		
e		

229 Zeichne den Normalabstand der Punkte zur Geraden ein und gib die Länge des Normalabstandes in mm an:

$\overline{Ag}$ = mm

$\overline{Bg}$ = mm

$\overline{Cg}$ = mm

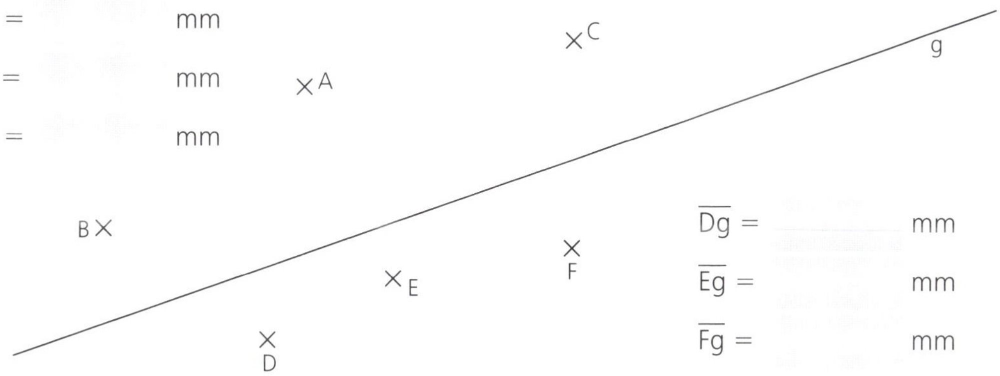

$\overline{Dg}$ = mm

$\overline{Eg}$ = mm

$\overline{Fg}$ = mm

230 **a)** Verbinde die Punkte der Reihe nach von A bis G! Beende den Streckenzug wieder bei A! Es entsteht ein Buchstabe.

b) Im Aquarium schwimmen zwei bunte Fische. Kannst du den Streckenzug jedes Fisches in einem Zug nachziehen, ohne den Stift abzusetzen und ohne eine Linie doppelt zu befahren?

PROBLEM LÖSUNG

Achtung: Bei einem der beiden Fische ist es egal, wo man mit dem Zeichnen beginnt. Beim anderen gibt es nur zwei Punkte, an denen man beginnen bzw. enden kann. Welcher Fisch ist das jeweils? Warum ist das so? Formuliere eine allgemeine Erklärung!

a)

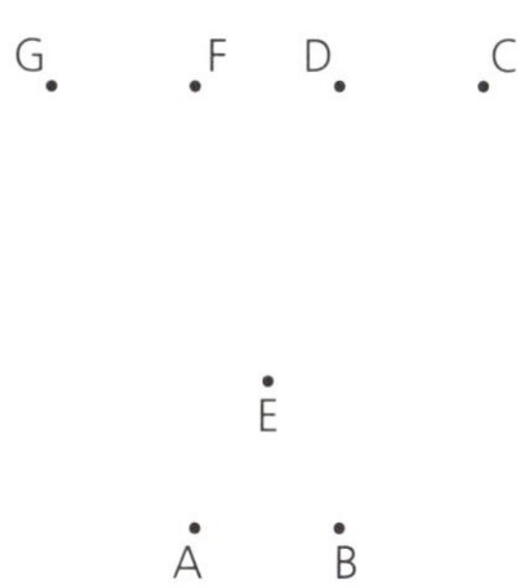

b)

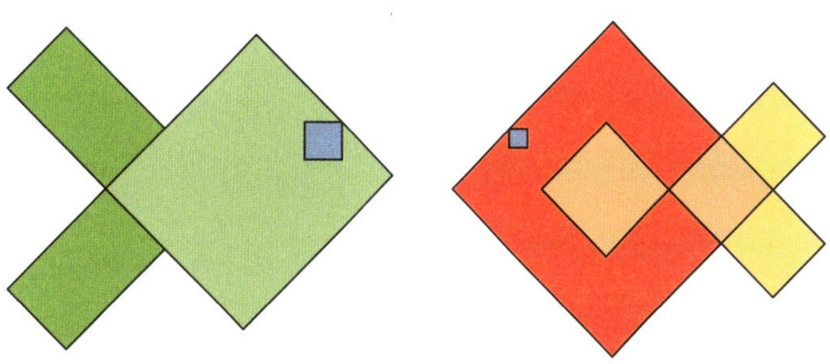

(1) **(2)**

231 Wie groß sind diese Gegenstände ungefähr in Wirklichkeit? Ordne die vorgegebenen Maßangaben zu:

2 m | 1 m | 1 dm = 10 cm

---

232 Rechne in mm um!

1 cm = 10 mm | 1 dm = 100 mm | 1 m = 1 000 mm

a) 6 cm 3 mm =
18 cm 7 mm =

b) 1 dm 50 mm =
3 dm 25 mm =

c) 1 m 820 mm =
3 m 500 mm =

---

233 Rechne in cm um!

1 m = 100 cm | 1 dm = 10 cm

a) 1 m 80 cm =
2 m 15 cm =

b) 3 m 44 cm =
1 m 8 cm =

c) 4 dm 5 cm =
1 dm 1 cm =

---

234 Rechne in m um!

1 km = 1 000 m

a) 8 km =
1 km 100 m =

b) 2 km =
3 km 500 m =

c) 25 km =
5 km 750 m =

---

235 Suche diese Gegenstände in deiner Umgebung, schätze die jeweilige Länge, miss erst dann nach!

Gegenstand	Geschätzte Länge	Gemessene Länge (mm)	Mehrnamig (cm, mm)

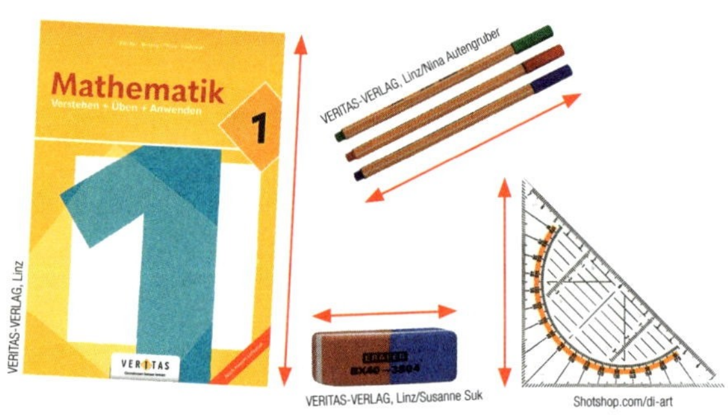

---

236 Schreibe mehrnamig und zeichne als Strecke.

a = 45 mm =

b = 83 mm =

c = 67 mm =

d = 72 mm =

237 Längen abschätzen

Eine gute Methode, um Entfernungen abzuschätzen, ist die folgende: Geh 10 Schritte in deiner normalen Gangart. Miss dann, wie weit du gegangen bist, und berechne so deine (durchschnittliche) Schrittlänge. Jetzt kannst du Entfernungen abschätzen, indem du abzählst, wie viele Schritte du brauchst. Miss so …

a) die Länge und die Breite deines Klassenzimmers!

b) die Länge und Breite deines Zimmers zu Hause!

c) die Entfernung von der Schule zur nächsten U-Bahn-/Straßenbahn-/Bushaltestelle!

238 Rechne in die angegebene Einheit um!

a) 45 m = ______ dm **b)** 34 000 m = ______ km

c) 51 000 cm = ______ m **d)** 23 km = ______ m

e) 450 000 dm = ______ km **f)** 67 m = ______ mm

239 Wie man einen Papierflieger faltet, wisst ihr ja bestimmt. Geht in den Schulhof und werft um die Wette. Wer wirft am weitesten? Schätzt zuerst: 10 m? 20 m? Messt dann die Entfernungen mit einem Bandmaß nach!

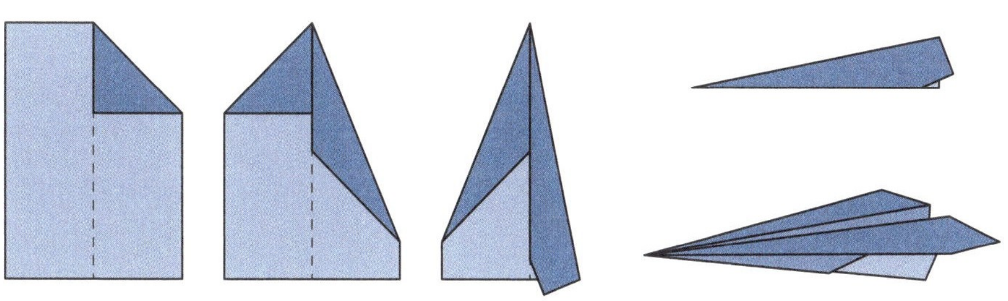

Experimentiert mit verschieden steilen Würfen! Zu flach abzuwerfen ist genauso schlecht wie zu steil.

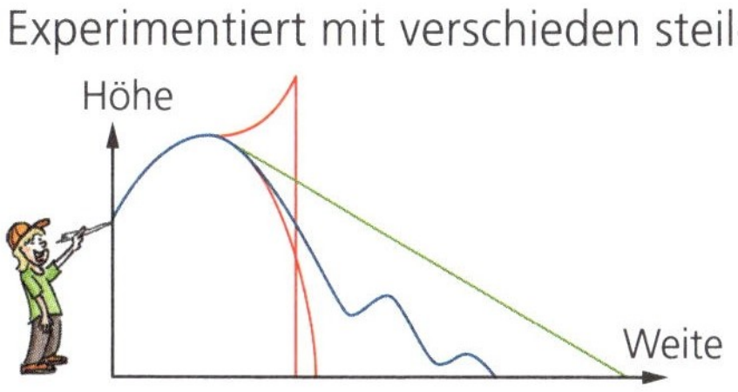

240 Wer hat 7 m 3 cm richtig umgerechnet? Kreuze an!

- ☐ Leon: 7,3 m
- ☐ Vera: 7,03 m
- ☐ Jeremy: 703 cm
- ☐ Colin: 73 dm
- ☐ Marijana: 70,3 dm
- ☐ Julia: 7,3 dm

241 Zeichne eine oder mehrere Symmetrieachsen ein!
Achtung, manche Figuren hier sind nicht symmetrisch! Eine Figur hat unendlich viele Symmetrieachsen.

Schreibe rechts unten:

n	→	für nicht achsensymmetrisch
1, 2, 3, 4	→	für 1, 2, 3 oder 4 Symmetrieachsen
u	→	für unendlich viele Symmetrieachsen

242 Ergänze die Zeichnungen zu achsensymmetrischen Figuren und male sie an.

a)

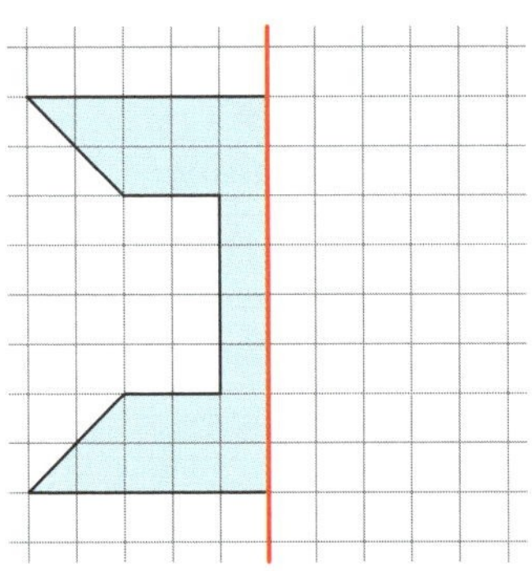

b)

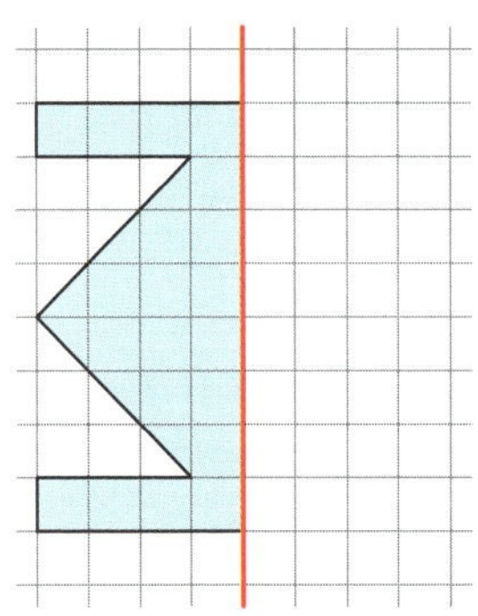

c)

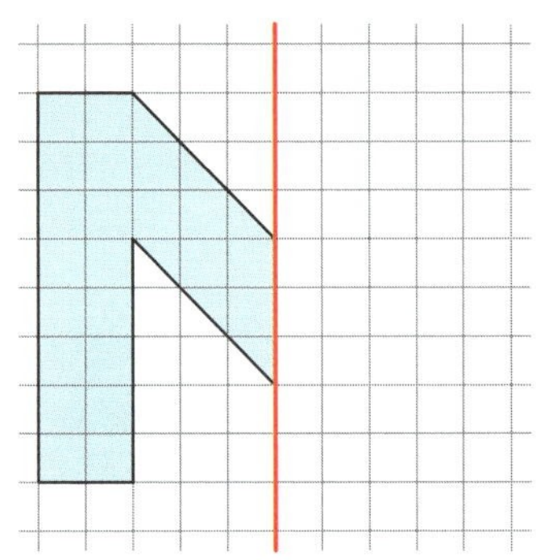

d)

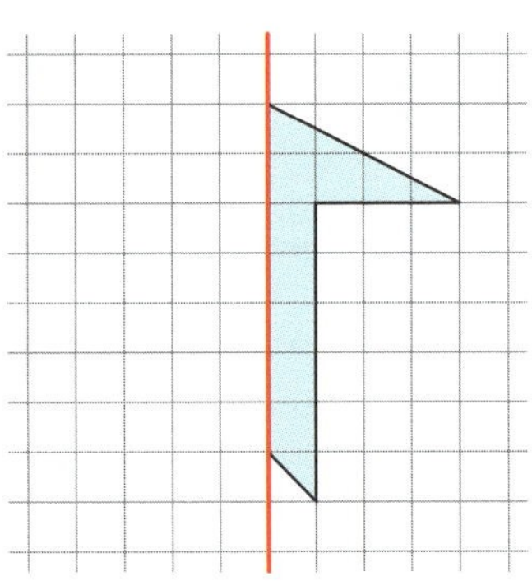

e)

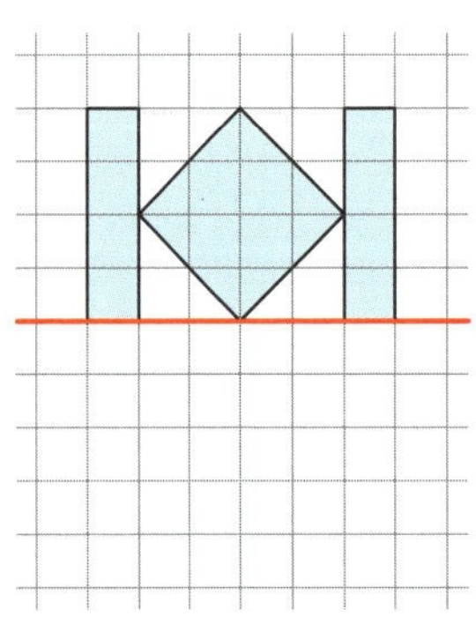

f)

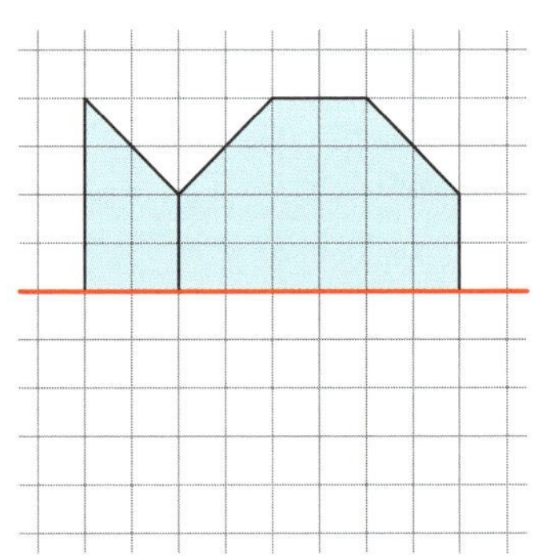

243 Wie viele Symmetrieachsen haben diese Figuren? Zeichne sie ein!

a) 

b) 

c) 

Fotolia.com/heogn

d) 

e) 

ingimage.com

f) 

ingimage.com

g) 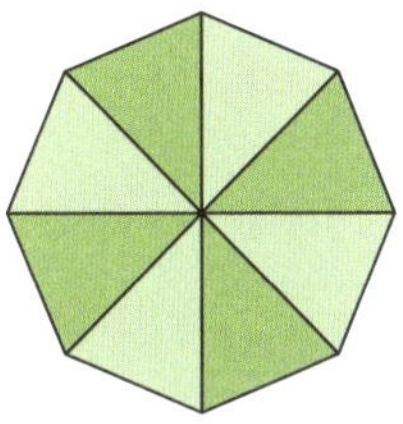

h) 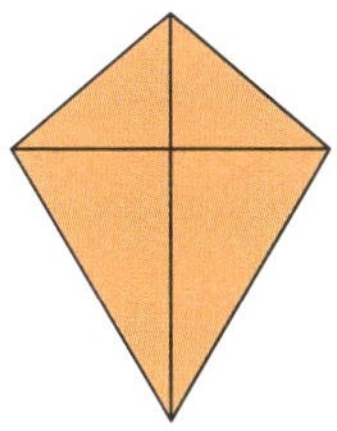

i) 

244 Die rote Linie ist die Symmetrieachse der Figur. Ergänze die zweite Hälfte!

a) 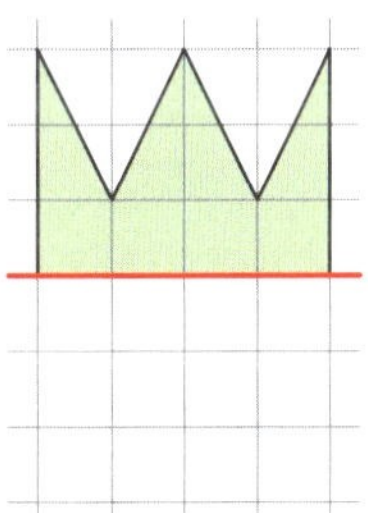

b) 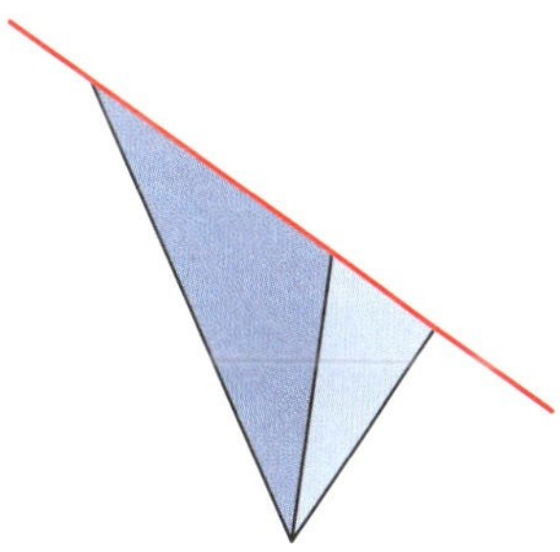

c) 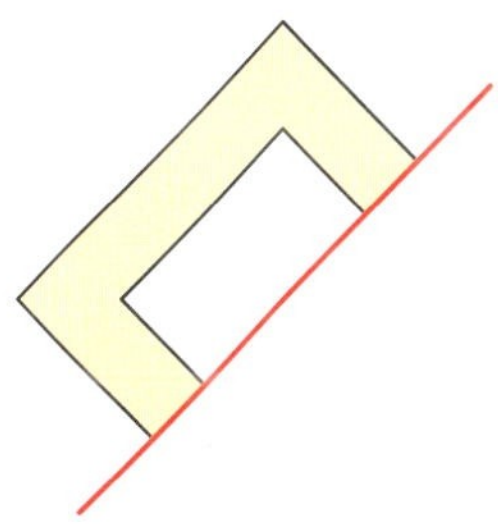

245 Die grüne Linie ist eine Symmetrieachse. Ergänze die graue Figur symmetrisch! Spiegle dann die gesamte Figur an der roten Symmetrieachse. Du erhältst eine doppelt symmetrische Figur.
Gibt es noch mehr Symmetrieachsen als die rote und die grüne Linie? Wenn ja, zeichne sie ein!

a) 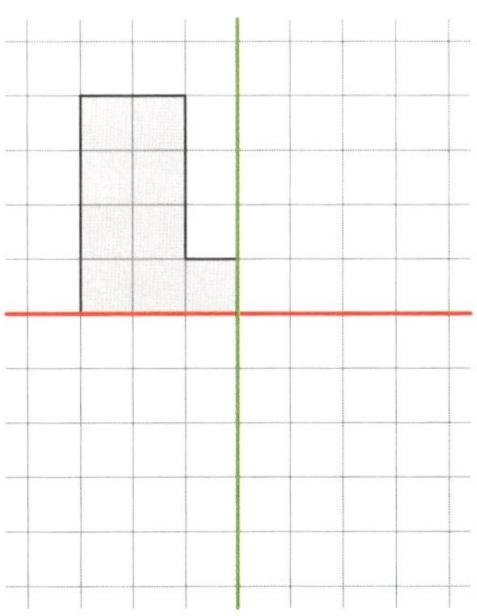

b) 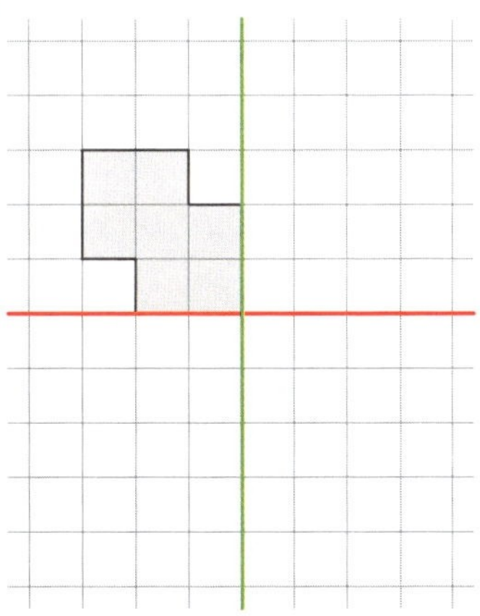

c) 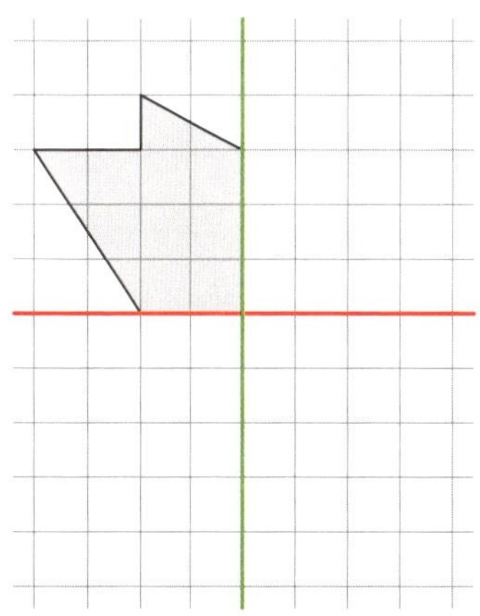

246 Zeichne die Kreise und den Durchmesser ein! Gib auch die Länge des Durchmessers an.

a) r = 2 cm d =

M

b) r = 2,5 cm d =

M

247 Zeichne die begonnene „Raupe" fertig! Du darfst ihr auch ein nettes Gesicht geben!

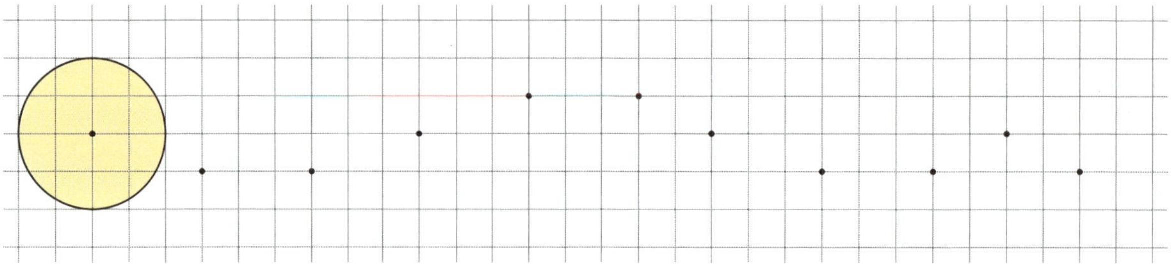

248 Übertrage diese zwei Kreismuster und bemale sie (r = 2 cm). Die Punkte zeigen dir, wo du mit der Zirkelspitze einstichst.

a)

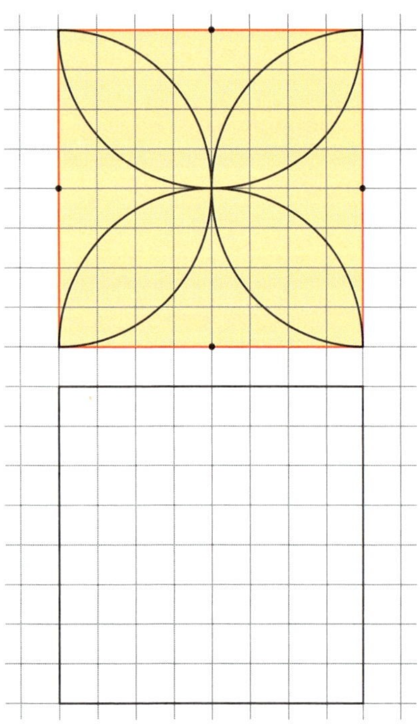

b)

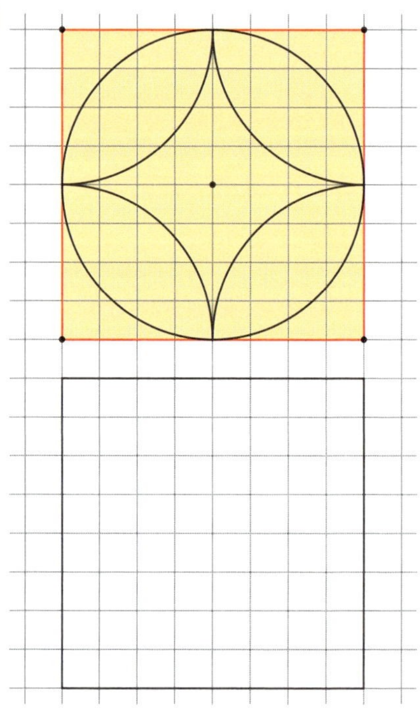

249 Zeichne das Kreismuster fertig! Überlege: Wo musst du mit dem Zirkel einstechen? (r = 15 mm)

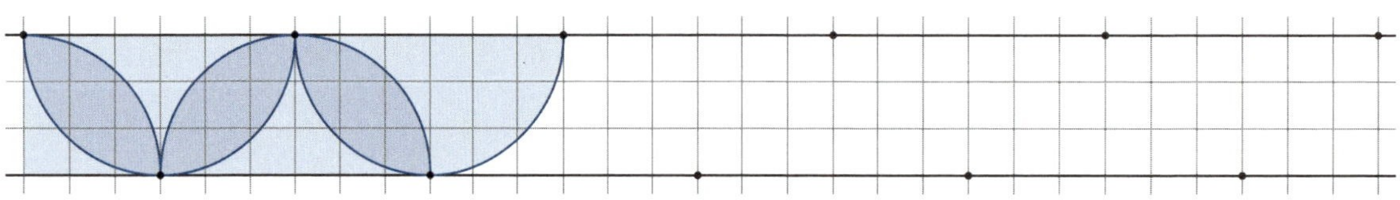

250 Zeichne jeweils einen Kreis k mit dem Mittelpunkt M mit folgenden Angaben:

a) r = 18 mm **b)** k geht durch A **c)** d = 40 mm

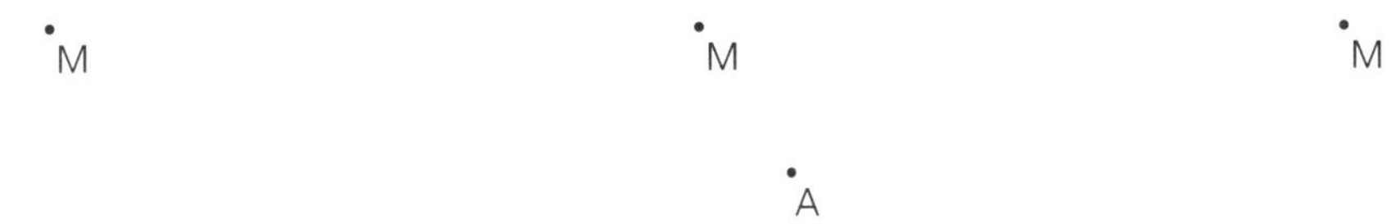

251 Miss die Durchmesser aller Kreise möglichst genau! Berechne dann die Radien!

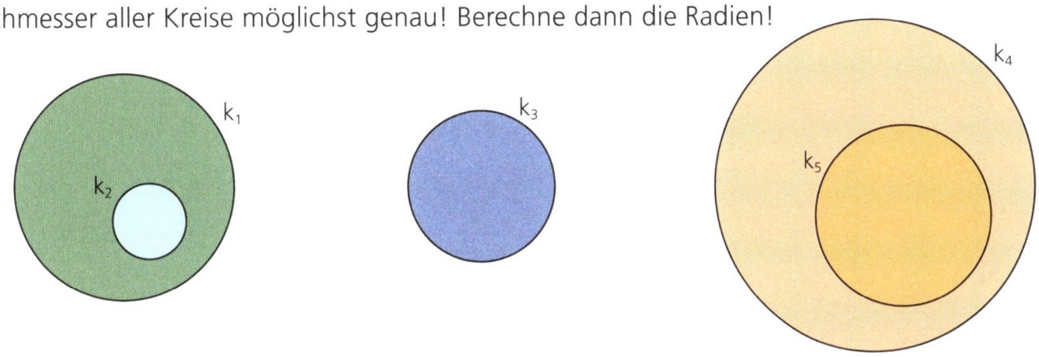

d_1 = d_2 = d_3 = d_4 = d_5 =

r_1 = r_2 = r_3 = r_4 = r_5 =

252 Zeichne das Muster weiter! Überlege, wo du mit dem Zirkel einstechen und wie weit du ihn aufmachen musst!

a)

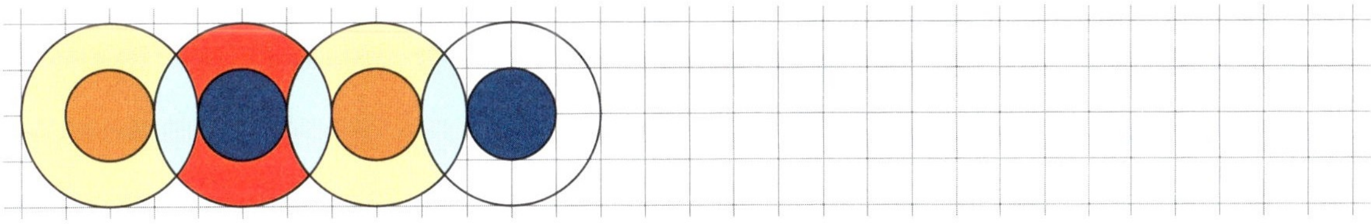

b)

PROBLEM LÖSUNG

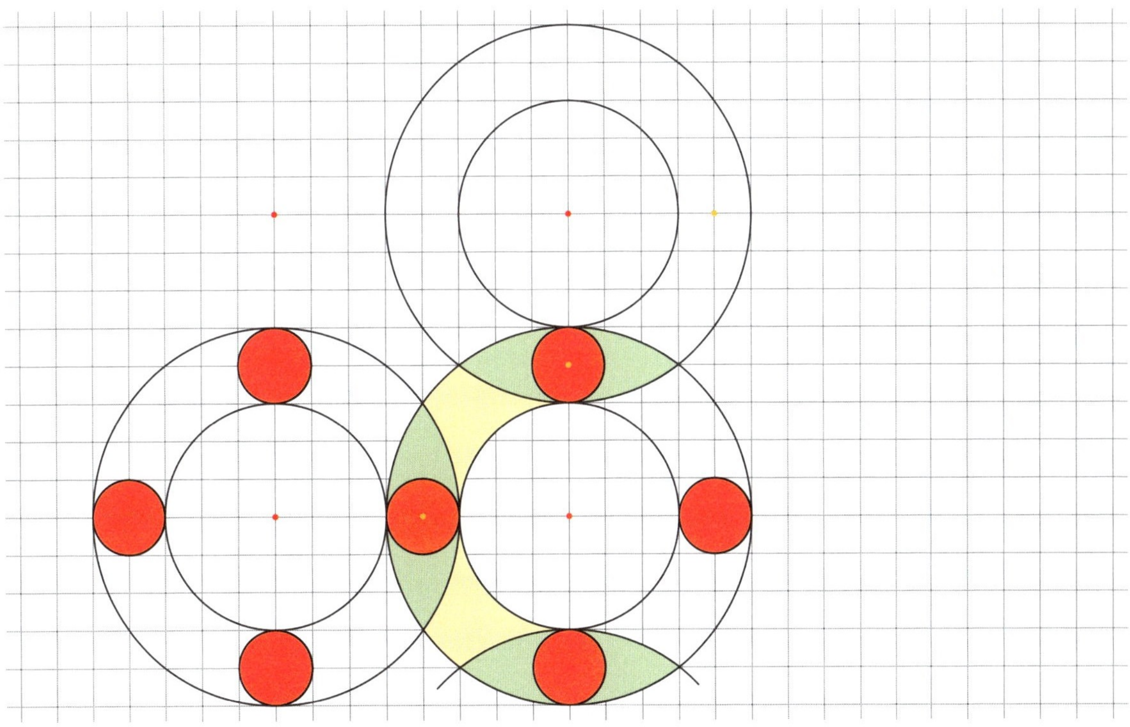

253 Beschrifte mit α, β, γ oder δ. Miss die Größe des Winkels und schreibe sie dazu.
Tipp: Wenn dein Geodreieck zu groß ist, verlängere einen Schenkel, damit du besser messen kannst!
Gib an, ob der Winkel spitz oder stumpf ist.

a)
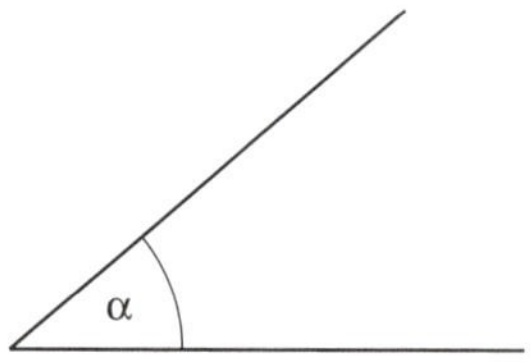

b)
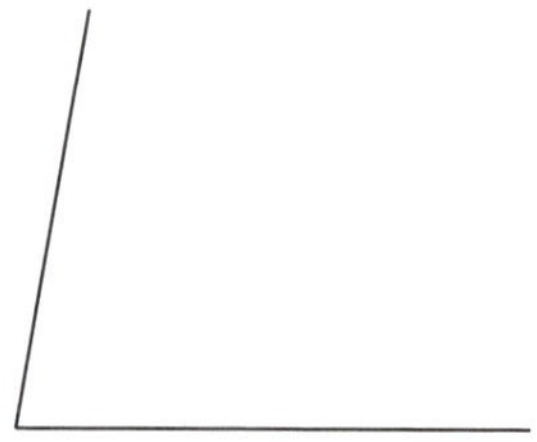

c)
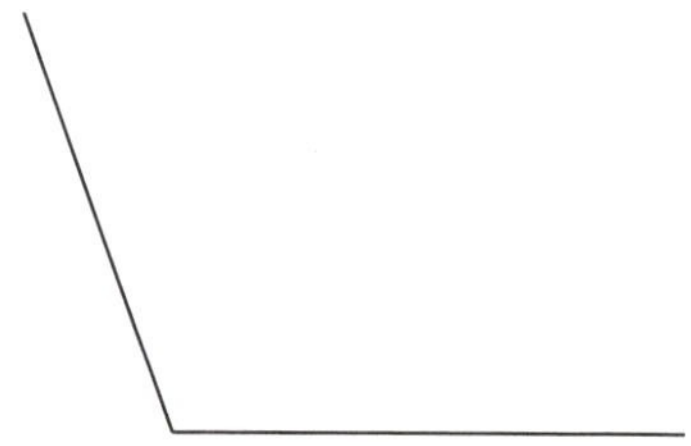

d)
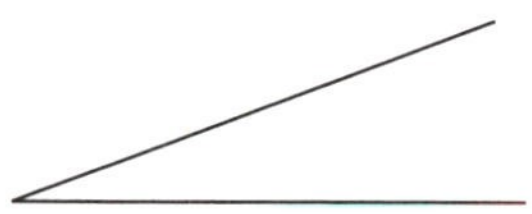

e)
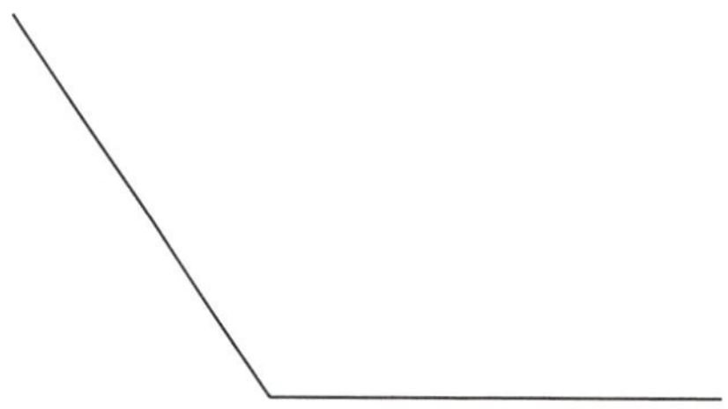

f)

254 Zeichne den Winkelbogen mit Farbe nach und beschrifte mit *„spitz"*, *„rechter Winkel"* oder *„stumpf"*. Verwende blau für „spitz", rot für „rechter Winkel" und grün für „stumpf".

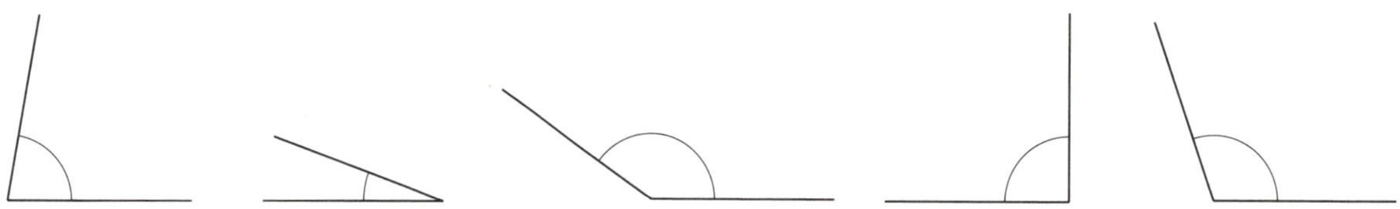

255 Zeichne die angegebenen Winkel und beschrifte sie mit α, β, γ oder δ.
Gib die Winkelart an und schreibe *„spitz"* oder *„stumpf"* dazu!

a) $\alpha = 60°$

b) $\beta = 120°$

a) $\gamma = 35°$

b) $\delta = 105°$

256 Das Flaggenalphabet „Semaphor" wird gelegentlich auch heute noch dazu benutzt, um Nachrichten von einem Schiff zum anderen zu übermitteln. Zwei Flaggen werden in verschiedenen Winkeln vom Körper weggestreckt.

a) Bei welchen Buchstaben bildet ein Arm mit dem Körper einen spitzen Winkel?

b) Bei welchen Buchstaben bildet ein Arm mit dem Körper einen stumpfen Winkel?

c) Bei welchen Buchstaben bildet ein Arm mit dem Körper einen rechten Winkel?

Beachte, dass manche Buchstaben zwei verschiedene Winkel darstellen können.

257 **a)** In dem Bild der Schienen müssten doch lauter rechte Winkel zu sehen sein – oder? Irrtum! Die blau nachgezogenen Linien bilden einen Winkel.
Ziehe im Bild mindestens zwei spitze und zwei stumpfe Winkel nach und miss ihre Größe! Gibt es in diesem Bild überhaupt rechte Winkel – und in Wirklichkeit?

b) Ziehe im Bild des modernen Hauses zwei spitze und zwei stumpfe Winkel nach und miss ihre Größe! Findest du auch rechte Winkel?

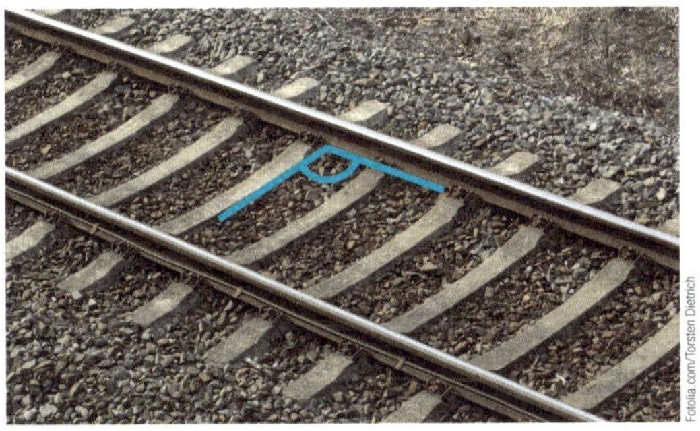

258 PROBLEM LÖSUNG

Zeichne ein Quadrat ABCD mit a = 10 cm Seitenlänge. Halbiere die Seite AB (→ Halbierungspunkt H). Verbinde H mit D. Ziehe eine Normale auf HD durch C. Zerschneide das Quadrat längs dieser Teilungslinien. Schaffst du es, aus diesen drei Teilen alle unten abgebildeten Formen zu legen? (Die Teile dürfen auch umgedreht werden!)

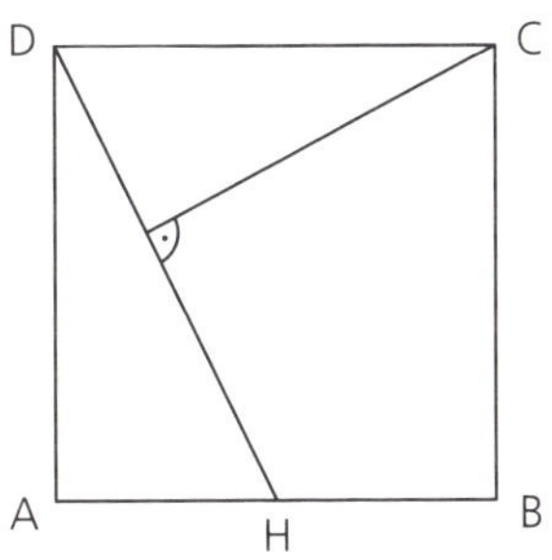

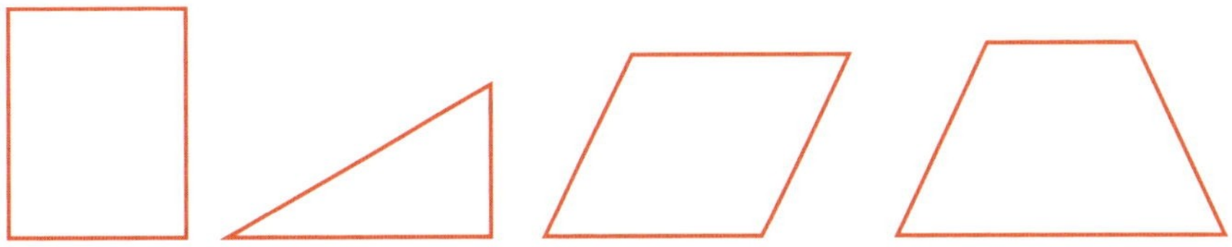

259 Zeichne die Winkelbögen mit der Hand, verwende für spitze Winkel Blau, für rechte Winkel Rot und für stumpfe Winkel Grün. Schreibe dann die Anzahl der spitzen, rechten und stumpfen Winkel dazu.

a) Jedes Dreieck hat drei Winkel. Diese vier Dreiecke haben zusammen:

☐ spitze Winkel (blau), ☐ rechte Winkel (rot), ☐ stumpfe Winkel (grün)

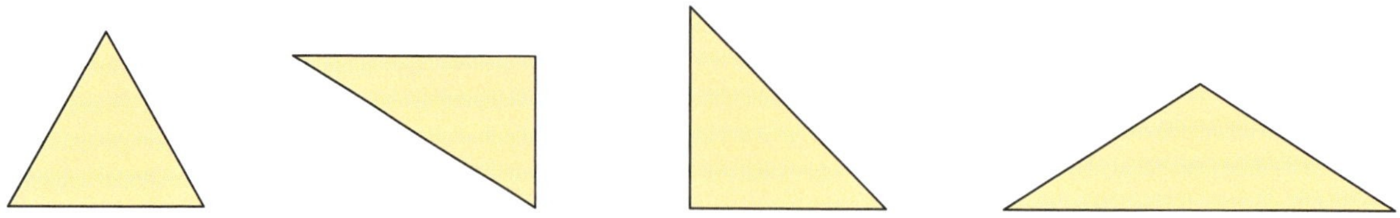

b) Jedes Viereck hat vier Winkel. Diese vier Vierecke haben zusammen:

☐ spitze Winkel (blau), ☐ rechte Winkel (rot), ☐ stumpfe Winkel (grün)

260 Gib die Anzahl der Winkel an, die du in dem Fantasiegebäude entdeckst.
Zeichne sie in verschiedenen Farben ein.

☐ spitze Winkel (blau)

☐ rechte Winkel (rot)

☐ stumpfe Winkel (grün)

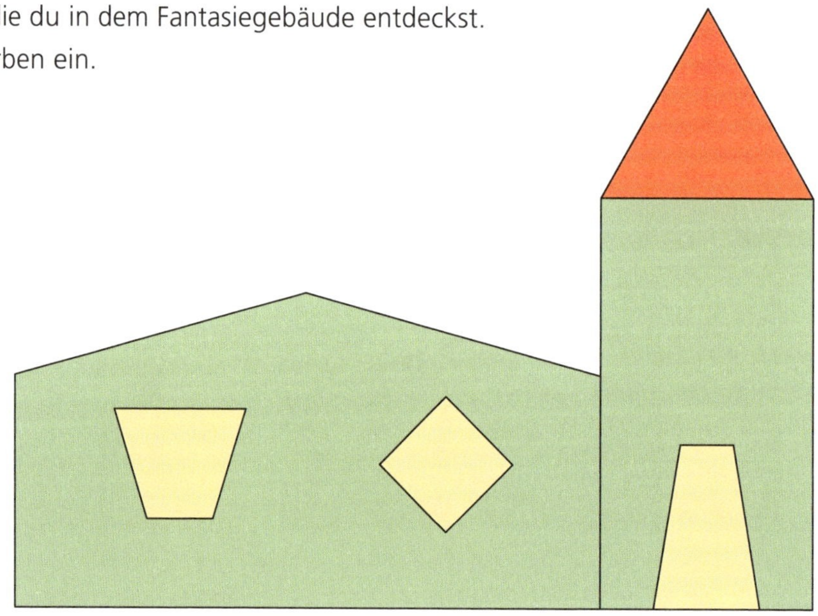

261 Kennzeichne in dem Liniengewirr spitze Winkel blau, rechte Winkel rot und stumpfe Winkel grün.
Insgesamt gibt es vier rechte, 16 spitze und 16 stumpfe Winkel!

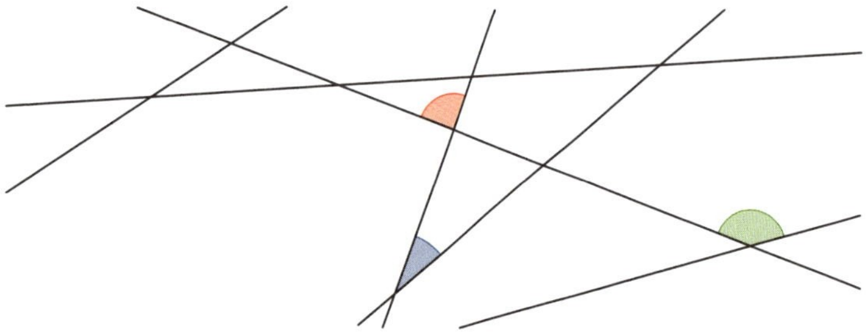

262 Um einen erhabenen Winkel α zu messen oder zu zeichnen, gibt es zwei Möglichkeiten:

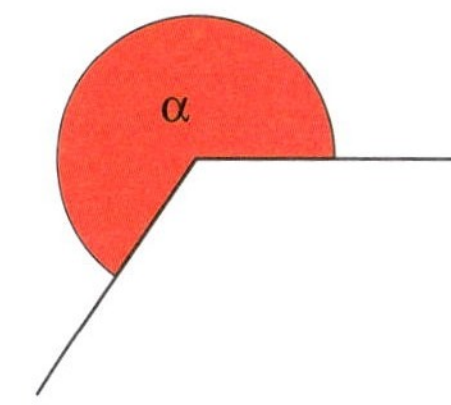

(1) Man teilt α in einen gestreckten Winkel (180°) und den restlichen Winkel α' auf; α' muss dann kleiner als 180° sein (spitz oder stumpf).

(2) Man ergänzt α auf einen vollen Winkel (360°) und misst bzw. zeichnet den restlichen Winkel α'' (spitz oder stumpf).

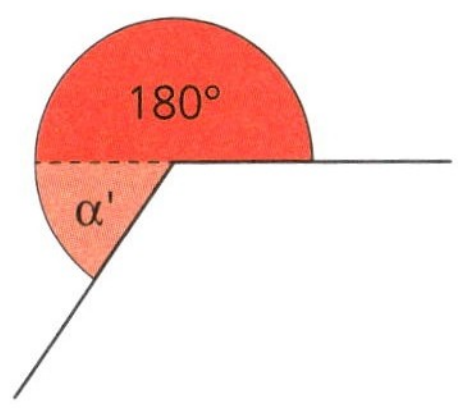

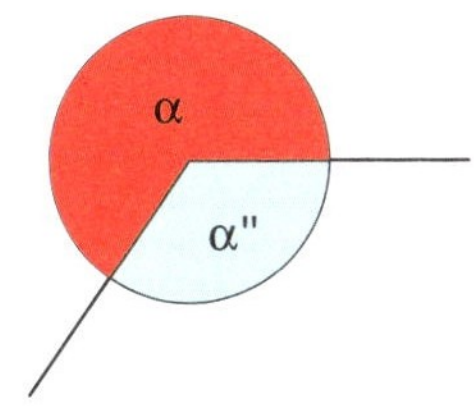

a) Benutze die Methode, die du besser findest, um den oben dargestellten Winkel α zu messen!

b) Benutze die Methode, die du besser findest, um folgende Winkel zu zeichnen:
$\beta = 200°$; $\gamma = 270°$; $\delta = 300°$; $\varepsilon = 320°$

263 Auf dem Wiener Riesenrad hängen die Gondeln in gleichmäßigen Abständen.

Fotolia.com/jomare

a) Welche Art von Winkel schließt die rot markierte Stütze mit der Strebe von Gondel 1 (grün) ein? Wie groß ist dieser Winkel?

b) Welche Art von Winkel schließt die rote Stütze mit der Strebe von Gondel 5 ein? Wie groß ist dieser Winkel?

c) Welche Art von Winkel schließt die rote Stütze mit der Strebe von Gondel 10 ein? Wie groß ist dieser Winkel?

d) Gibt es Gondeln, die mit der Stütze einen rechten oder gestreckten Winkel einschließen? Welche?

e) Im Bild sind nicht alle Gondeln zu sehen. Wie viele müssen es insgesamt sein?

264 Male mit Farbe an!

a) $\frac{3}{4}$ b) $\frac{5}{8}$ c) $\frac{1}{2}$ d) $\frac{1}{4}$ e) $\frac{3}{8}$

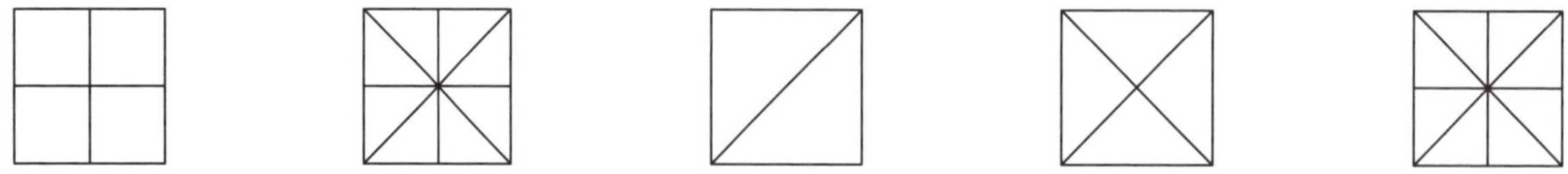

265 Gib an, welcher Bruchteil vom Ganzen färbig ist!

a) b) c) d) e)

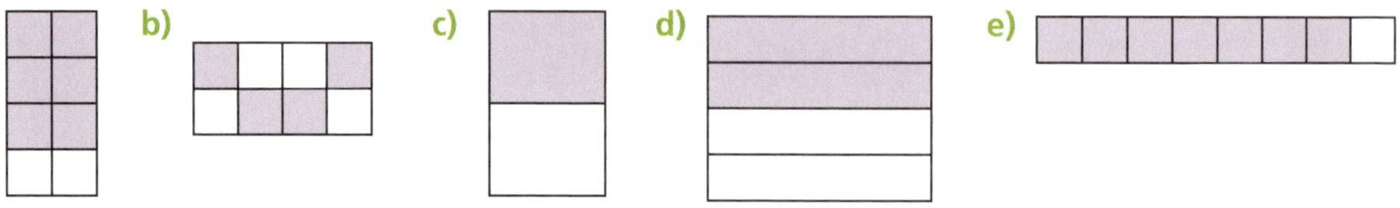

266 Teile diese Figuren und male jeweils nur einen Teil davon an.

a) in Halbe → 2 gleich große Teile

b) in Viertel → 4 gleich große Teile

c) in Achtel → 8 gleich große Teile

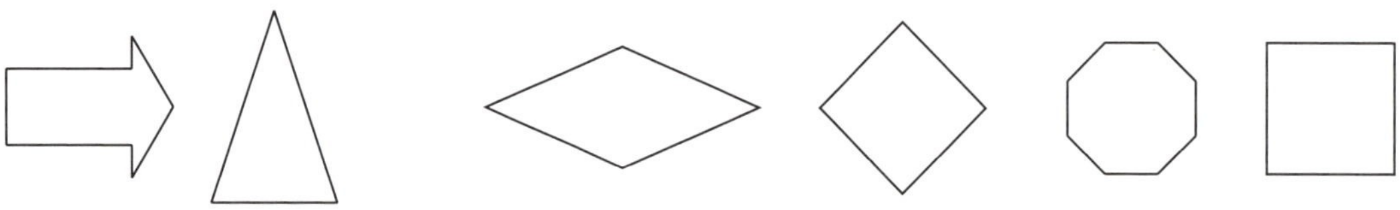

267 In wie viele Teile wurden diese Figuren geteilt? Welcher Anteil ist färbig? Schreibe als Bruch!

a) b) c) d)

268 Welche Brüche sind jeweils dargestellt? Gib als Bruch und als gemischte Zahl an.

Beispiel: $1\frac{3}{8} = \frac{11}{8}$

a) b) c)

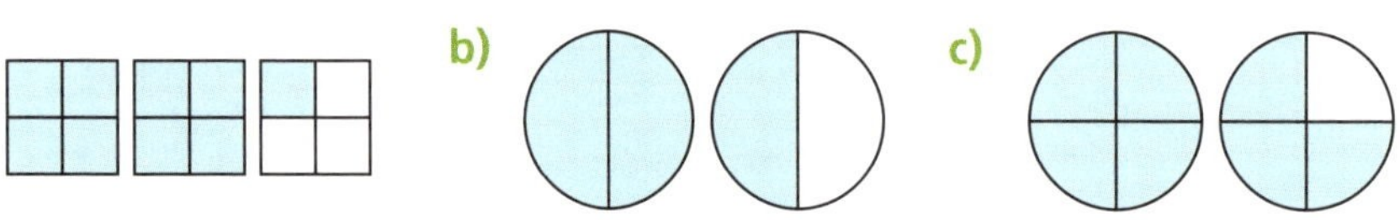

269 a) Ringle alle Brüche ein, die größer als ein Ganzes sind.

$\frac{3}{8}$ $\frac{7}{4}$ $\frac{1}{2}$ $\frac{5}{2}$ $\frac{6}{4}$ $\frac{3}{4}$ $\frac{9}{8}$

b) Erkläre, warum du diese Brüche ausgewählt hast.

✓ **270** Schreibe drei Brüche auf, die genau ein Ganzes sind, und begründe, warum du sie ausgewählt hast.

271 Male färbig an!

a) $\frac{1}{4}$ b) $\frac{5}{8}$ c) $\frac{1}{2}$ d) $\frac{2}{3}$ e) $\frac{1}{6}$

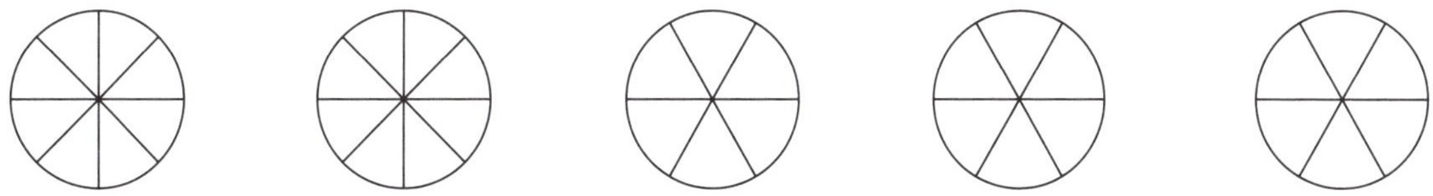

272 Gib an, welcher Bruchteil vom Ganzen färbig ist!

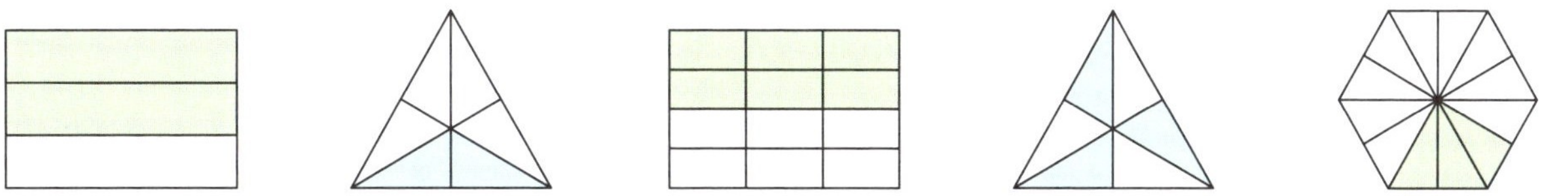

273 Hier sind mehrere Sechsecke dargestellt, aber sie sind unterschiedlich geteilt.
Male jeweils nur einen Teil an und schreibe ihn als Bruch!

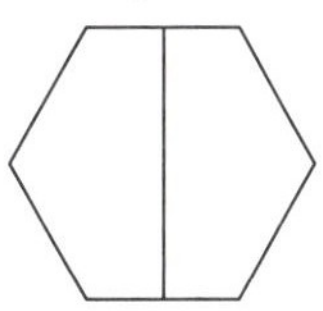 $\frac{1}{\ }$ 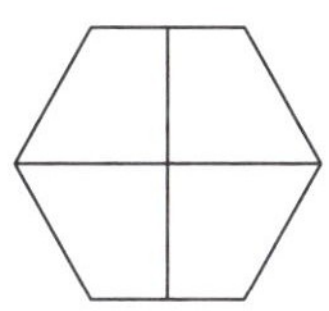 $\frac{1}{\ }$ 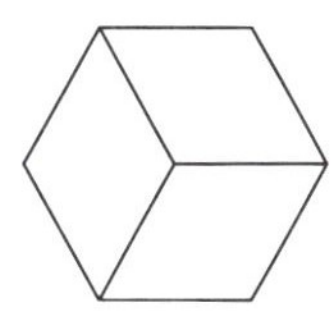 $\frac{1}{\ }$ 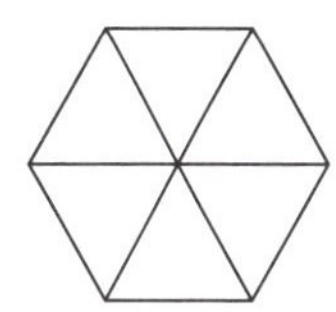 $\frac{1}{\ }$

Diese Sechsecke sind alle in gleich viele Teile geteilt. Male denselben Anteil an wie im Sechseck, das darüber gezeichnet ist, und gib ihn wieder als Bruch an!

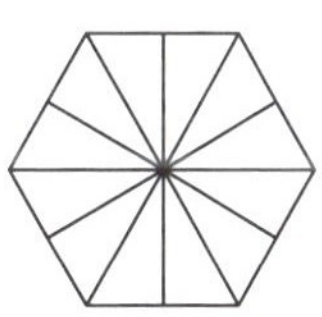 $\frac{\ }{12}$ 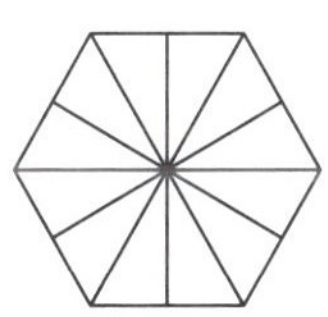 $\frac{\ }{12}$ 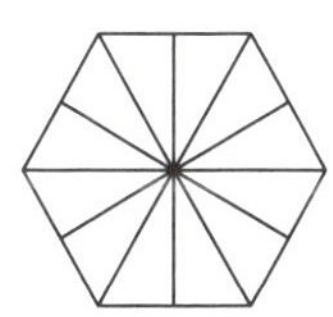 $\frac{\ }{12}$ 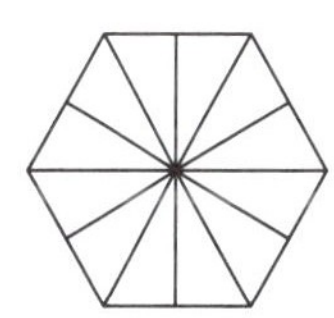 $\frac{\ }{12}$

274 Schreibe in die Felder mindestens

fünf Brüche, die kleiner sind als ein Ganzes:	fünf Brüche, die größer sind als ein Ganzes:	drei Brüche, die gleich groß wie fünf Ganze sind:

275 Ein ganzer Streifen wurde in 10 Teile geteilt. Male färbig an:

a) $\frac{4}{10} = 0,4$ 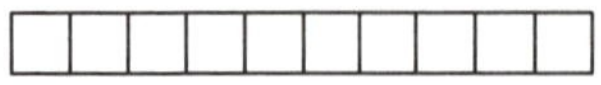   b) $\frac{7}{10} = 0,7$ 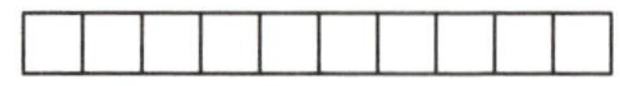

276 Wie viele Teile der ganzen Fläche wurden angemalt? Schreibe als Bruchzahl und als Dezimalzahl.

a)  b) 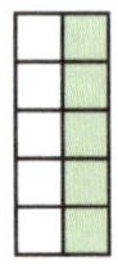 c)  d) 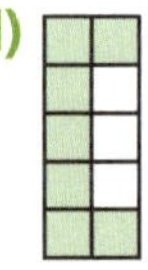 e) 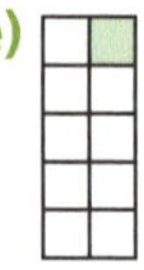

277 Auch diese Figuren wurden in 10 Teile geteilt. Male an und schreibe die Dezimalzahl dazu:

a) $\frac{3}{10} =$ b) $\frac{8}{10} =$ c) $\frac{5}{10} =$ d) $\frac{2}{10} =$ e) $\frac{1}{10} =$

 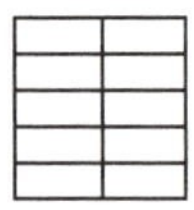 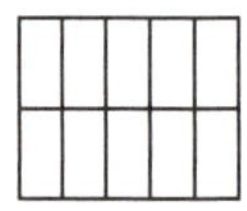 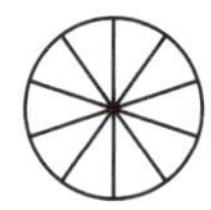 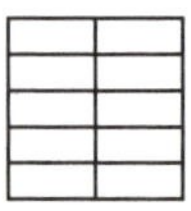

278 Wie viele Teile der Fläche sind grün, gelb und weiß? Schreibe als Dezimalbruch und als Dezimalzahl!

a)  b)  c) 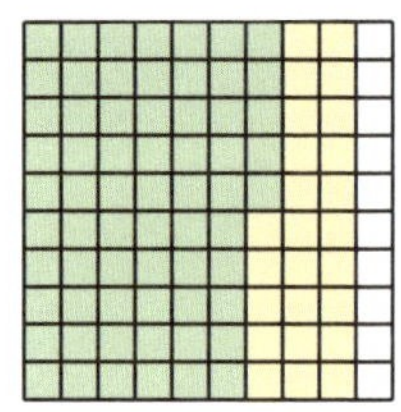

	a)	b)	c)
grün			
gelb			
weiß			

279 Ein Streifen entspricht einem Ganzen. Schreibe als Bruch und als Dezimalzahl.

a) 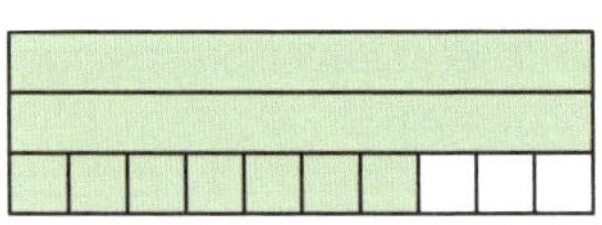   b) 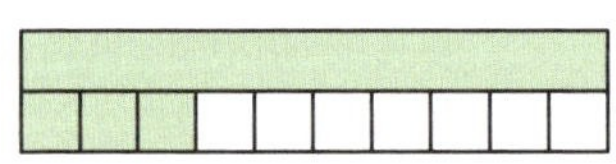

280 Schreibe als Bruchzahl!

Beispiel: $0,9 = \frac{9}{10}$ oder $4,08 = 4\frac{8}{100}$

a) 0,5 =   b) 0,23 =   c) 1,6 =

d) 0,8 =   e) 0,438 =   f) 2,75 =

281 Schreibe als Dezimalzahl!

Beispiel: $\frac{7}{100} = 0,07$ oder $3\frac{5}{10} = 3,5$

a) $\frac{1}{10} =$ b) $\frac{75}{100} =$ c) $1\frac{3}{10} =$

d) $\frac{4}{10} =$ e) $\frac{9}{100} =$ f) $2\frac{7}{100} =$

282 Was versteht man unter einem Dezimalbruch?

283 Das erste Quadrat ist in zehn gleiche große Teile geteilt und das zweite in 100 gleich große Teile. Welcher Anteil ist jeweils gefärbt?

a) 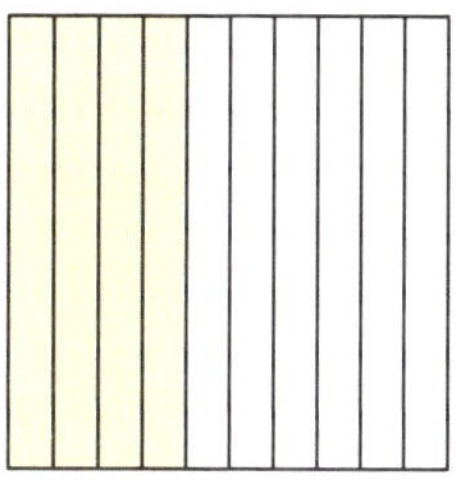 $\frac{\quad}{10}$

b) 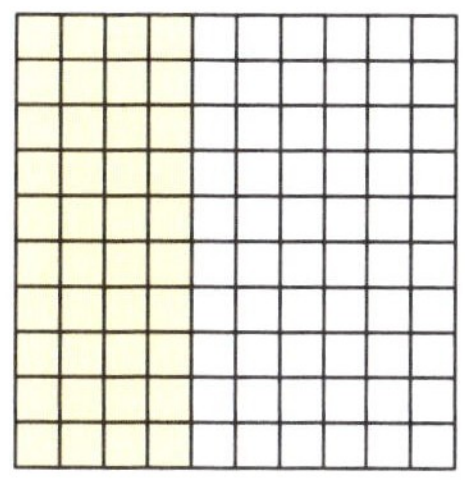 $\frac{\quad}{100}$

284 Male färbig an!

a) $\frac{34}{100}$

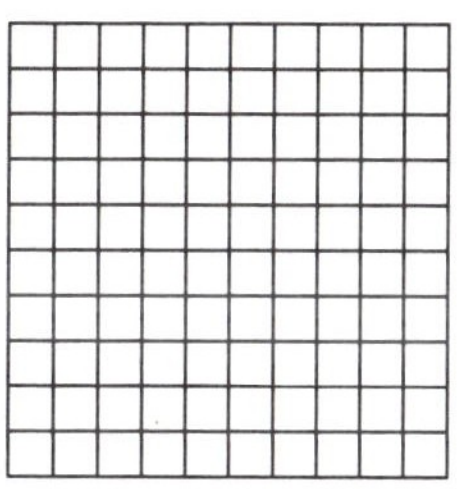

b) $\frac{72}{100}$

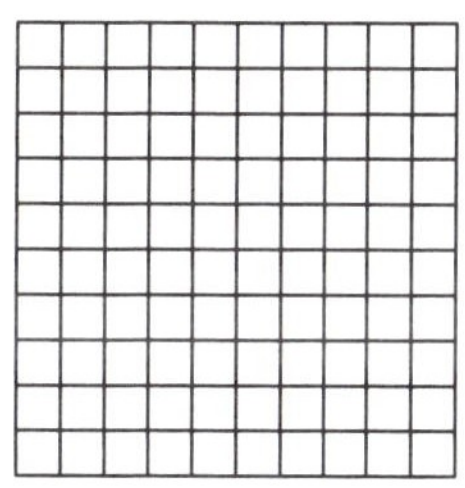

285 Pia behauptet: „$\frac{34}{100}$ sind gleich $\frac{3}{10}$ und $\frac{4}{100}$." Hat sie recht? Erkläre Pias Behauptung! (Verwende dabei die Begriffe „Spalte" und „Kästchen".)

286 Stelle als Summe von Dezimalbrüchen dar und trage dann die Ziffern in die richtige Spalte ein:

Dezimalbrüche	E	,	z	h	t
$\frac{52}{100} = \frac{5}{10} + \frac{2}{100}$	0	,	5	2	
$\frac{42}{100} =$		,			
$\frac{85}{100} =$		,			
$\frac{60}{100} =$		,			
$\frac{175}{100} =$		,			

287 Ergänze die Tabelle:

Sprich	Dezimalzahl	T	H	Z	E	,	z	h	t	Stellenwert	Bruch
vier Komma eins drei										4E 1z 3h	
neunzehn Komma acht											
null Komma drei acht vier											
null Komma neun fünf											
hundertzwanzig Komma zwei sechs											
tausenddreihundert Komma sieben											

288 Zu jeder Bruchzahl passt genau eine Dezimalzahl. Male sie mit gleicher Farbe an oder gib ihnen das gleiche Muster. Du benötigst acht Farben.

0,4 | 2,25 | 7,7 | $5\frac{3}{100}$ | $\frac{246}{1000}$ | $1\frac{3}{10}$ | 1,3 | 0,09 | $\frac{4}{10}$ | $2\frac{25}{100}$ | 0,246 | $\frac{9}{100}$ | 0,28 | 5,03 | $\frac{28}{100}$ | $7\frac{7}{10}$

289 Ringle alle fünf Dezimalzahlen ein, die gleich $\frac{5}{10}$ sind:

0,05 0,5 5,10 0,50 10,5 00,5 0,500 00,50

290 Ringle alle fünf Dezimalzahlen ein, die gleich $3\frac{6}{10}$ sind:

03,6 3,06 3,60 03,60 3,6 36,00 3,600 3,006

291 Ringle alle fünf Dezimalzahlen ein, die gleich $1\frac{25}{100}$ sind:

1,025 1,25 01,25 1,250 01,250 10,25 001,25 00,125

292 Bei jeder Aufgabe sind drei Nullen überflüssig. Streiche sie durch.

a) 007 0,7 0,70 **b)** 600 6,00 0,60 **c)** 50,00 50 05

d) 30,8 03,8 38,00 **e)** 9,0 09 90,0 **f)** 120 012 01,20

293 Hier darfst du in jeder Zeile gleich zehn Nullen streichen!

a) 23,00 2300 203,0 0,230 0023 00,230 0230 2,30

b) 4,000 0,40 0,400 004 40 04,0 400 0,04

c) 60 6,000 0606 60,0 006 60,06 0,660 00,60

294 Jetzt darfst du Nullen anhängen. Jede Zahl innerhalb einer Aufgabe soll mit gleich vielen Dezimalstellen geschrieben werden.

a) 48 3,9 2 **b)** 1,225 3,5 0,45 **c)** 10,9 7,3 4,28

295 Auf der linken Seite sind die Zahlen mit den dekadischen Einheiten angeschrieben, rechts ohne diese Einheiten. Verbinde, was zusammengehört!

3Z 5z 7t	7,503
3H 5E 7h	53,007
5E 3h 7t	30,507
7E 5z 3t	5,037
5Z 3E 7t	70,53
7Z 5z 3h	305,07

296 Schau genau! In welchen Kästchen steht dieselbe Zahl? Male Zusammenpassendes färbig an!

2,75 | $\frac{275}{1000}$ | $\frac{36}{100}$ | 27,5 | $3\frac{6}{10}$ | $3\frac{6}{100}$ | $\frac{275}{10}$ | $2\frac{75}{100}$ | 0,36 | 3,06 | 3,6 | $\frac{306}{100}$ | 0,275 | $\frac{36}{10}$

297 Einige Dezimalzahlen findest du oft im Alltag. Welche Anteile sind damit gemeint? Ergänze!

a)  $= \frac{1}{2} =$ 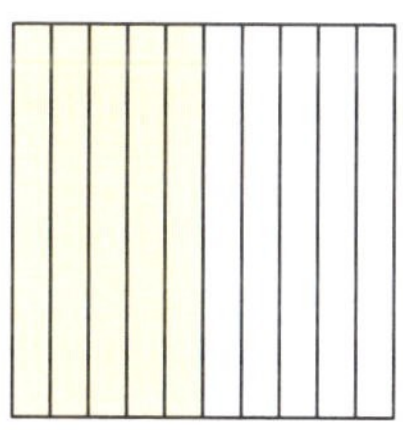 $= \frac{\quad}{\quad} = 0{,}5 =$ 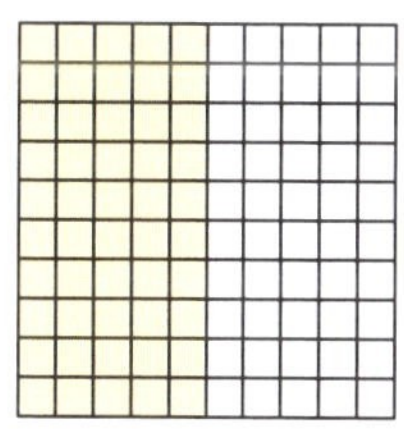 $= \frac{\quad}{100} = 0{,}50$

b) 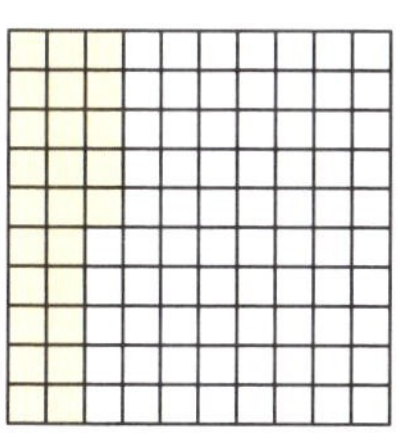 $= \frac{\quad}{100} = \frac{1}{\quad} = 0,$

c) $\frac{3}{4} = 0,$ $=$ 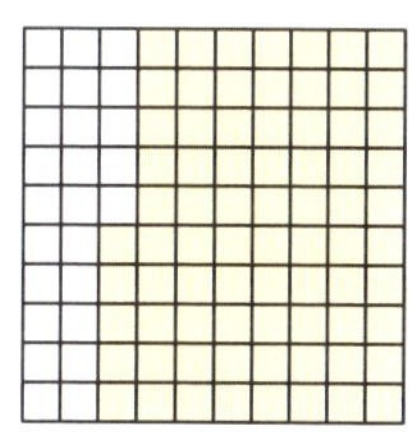

d) $0{,}2 = \frac{2}{10} = \frac{\quad}{5} =$ 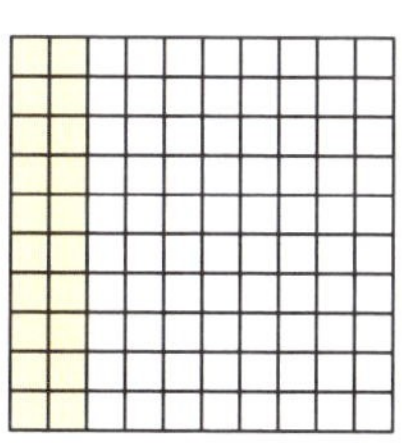

e) $0{,}33 = \frac{\quad}{100} =$ 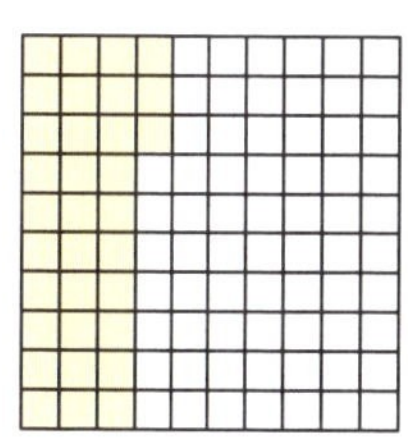

298 Setze die Zeichen = , < oder > ein. Achte auf gleich viele Kommastellen.

a)			b)		
6,15		6,13	0,18		0,08
3,7		3,70	0,780		0,78
20,5		20,0	9,5		9,54
7,5		5,7	8,6		8,559

299 Zwischen welchen beiden benachbarten natürlichen Zahlen liegt diese Dezimalzahl?

a) 7 < 7,9 < ___ **b)** ___ < 8,5 < ___ **c)** ___ < 5,3 < ___

d) ___ < 3,1 < ___ **e)** ___ < 2,9 < ___ **f)** ___ < 4,8 < ___

300 Suche die benachbarten Zahlen mit gleich vielen Kommastellen.

a) 3,4 < 3,5 < ___ **b)** ___ < 2,9 < ___

c) ___ < 0,8 < ___ **d)** ___ < 7,1 < ___

301 Ordne die Zahlen der Größe nach. Ergänze auf gleich viele Kommastellen. Beginne mit der kleinsten, verwende das Zeichen <.

a) 2,6 2,06 2,07 2,44 2,7 2,4

b) 4,8 4,75 4,9 4,05 4,07 4,89

302 Trage diese Dezimalzahlen mit einem Kreuz auf dem Zahlenstrahl ein, schreibe die Dezimalzahl darunter und die Bruchzahl darüber.

a) 0,2 0,7 1,1 1,6 2,3 2,8 3,5

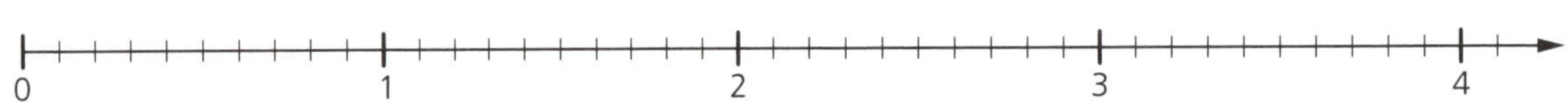

b) 4,0 4,5 5,1 5,7 6,2 6,6 7,3

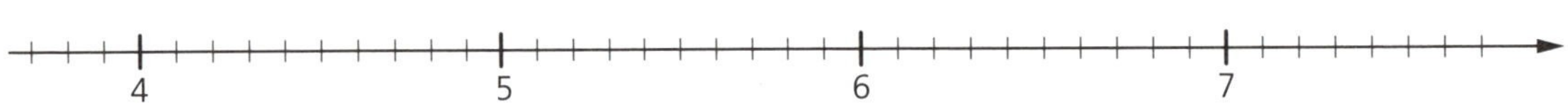

303 Welche Dezimalzahlen sind auf dem Zahlenstrahl eingezeichnet? Schreibe die Dezimalzahl darunter und die Bruchzahl darüber.

a)

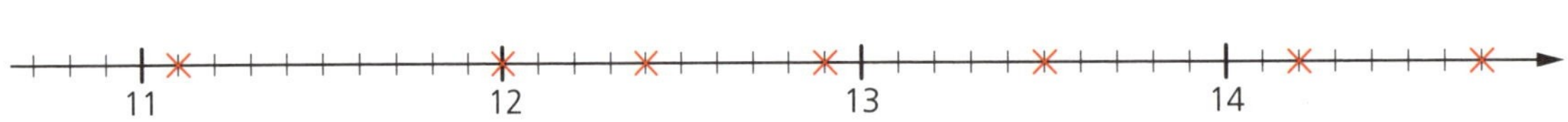

b)

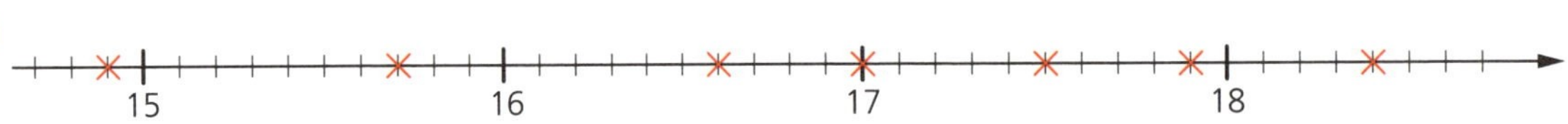

304 Trage folgende Zahlen auf dem Zahlenstrahl ein: $\frac{1}{5}$, $\frac{1}{2}$, $\frac{3}{5}$, $\frac{9}{10}$

305 Beschrifte den Zahlenstrahl entsprechend und trage auf dem Zahlenstrahl folgende Zahlen ein:
4,26; 4,53; 4,78; 4,83; 4,9

306 Beschrifte den Zahlenstrahl entsprechend und trage auf dem Zahlenstrahl folgende Zahlen ein:
3,402; 3,420; 3,450; 3,459; 3,48

307 Welche Zahlen sind auf dem Zahlenstrahl markiert? Schreibe die Zahlen in Dezimalschreibweise über das Kreuz.

a) 

b) 

308 Gib fünf Zahlen an, die größer als 4,2 und kleiner als 4,3 sind!

309 Gib fünf Zahlen an, die größer als 4,25 und kleiner als 4,26 sind!

310 Luca behauptet, dass 7,5 kleiner ist als 7,25. Als Grund gibt er an, dass 5 kleiner als 25 ist. Lisa aber weiß, dass 7,5 größer als 7,25 ist. Wie kann Lisa zeigen, dass sie recht hat?

311 Verschiebe das (gedachte) Komma um 1, 2, 3 Stellen nach rechts, die Zahl wird größer.

a) 5 · 10 =
5,2 · 10 =
5,23 · 10 =

b) 3 · 100 =
3,6 · 100 =
3,61 · 100 =

c) 8 · 1 000 =
8,4 · 1 000 =
8,47 · 1 000 =

312 Vergleiche die Ergebnisse!

a) 3,6 · 10 =
3,6 · 100 =
3,6 · 1 000 =

b) 2,45 · 10 =
2,45 · 100 =
2,45 · 1 000 =

313 Welche Nullen im Ergebnis sind wichtig?
Streiche unnötige Nullen durch. Findest du alle sieben?

~~0~~5,07~~00~~ — Wichtige Nullen / Unnötige Nullen

a) 0,2 · 10 = 02
b) 0,08 · 100 = 008
c) 0,4 · 1 000 = 0400
d) 0,3 · 10 = 03
e) 0,6 · 100 = 060
f) 0,807 · 1 000 = 0807

314 Überlege, welche Nullen du im Ergebnis weglassen kannst.

a) 0,5 · 10 =
0,5 · 100 =
0,5 · 1 000 =

b) 0,09 · 10 =
0,09 · 100 =
0,09 · 1 000 =

c) 2,07 · 10 =
2,07 · 100 =
2,07 · 1 000 =

315 Für eine Geburtstagsparty benötigt Maja je 10 Stück von diesen Waren. Berechne, wie viel sie ausgeben muss. Angegeben ist der Einzelpreis der Waren.

VERITAS-VERLAG Linz/SusanneSuk

a) 1,59 €

ingimage.com

b) 0,59 €

ingimage.com

c) 0,76 €

316 Verschiebe das (gedachte) Komma um 1, 2 oder 3 Stellen nach links. Die Zahl wird kleiner!

a) 20 : 10 =
28 : 10 =
157 : 10 =

b) 360 : 100 =
170 : 100 =
1 280 : 100 =

c) 2 400 : 1 000 =
1 280 : 1 000 =
355 : 1 000 =

317 Vergleiche die Ergebnisse. Schreibe auf, was dir auffällt!

a) 403 : 10 =
403 : 100 =
403 : 1 000 =

b) 2 840 : 10 =
2 840 : 100 =
2 840 : 1 000 =

318 Wer soll das verstehen? 3 ist kleiner als 30, aber 0,3 = 0,30. Und wie ist das mit 0,03?
Hier kann dir die Stellenwerttabelle helfen! Trage die Zahlen 3; 30; 0,3 und 0,03 richtig ein.

...	H	Z	E	,	z	h	t	...
				,				
				,				
				,				
				,				

Schreibe eine kurze Erklärung, warum 3 < 30 ist, aber 0,3 = 0,30 ist!

319 „Wenn ich eine Zahl mit 10 multipliziere, dann muss ich einfach eine 0 anhängen", hat Armin gelernt und wie folgt gerechnet: 2,3 · 10 = 2,30. Wieso ist das Ergebnis falsch? Er hat doch die Regel richtig angewendet!
Erkläre mithilfe einer Stellenwerttabelle, was bei einer Multiplikation mit 10, 100 und 1 000 bzw. bei einer Division durch 10, 100 oder 1 000 passiert.

	...	H	Z	E	,	z	h	t	...
28 · 1 =			2	8	,				
28 · 10 =					,				
28 · 100 =					,				
28 · 1000 =					,				
28 : 10 =					,				
28 : 100 =					,				
28 : 1000 =					,				

Für welche Zahlen gilt die Regel, die Armin gelernt hat?

320 Welche Rechenoperation wird durch die Pfeile angedeutet?

3 .... ► 0,3 .... ► 0,03

321 Dividieren oder Multiplizieren? Ergänze zu vollständigen Rechnungen!

a) 25 ____ = 2,5 40,7 ____ = 0,407 0,083 ____ = 0,83

0,15 ____ = 150 89,3 ____ = 8,93 24,0 ____ = 240

b) 4,02 ____ = 40,2 1 111 ____ = 11,11 74,74 ____ = 7,474

63,02 ____ = 0,6302 1 101 ____ = 110,1 7 447 ____ = 74 470

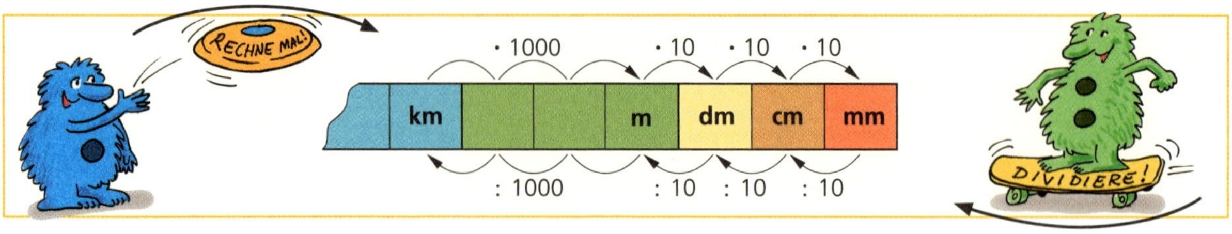

322 Schreibe in mm. 1 cm = 10 mm Rechne · 10

a) 3 cm = ___ b) 11 cm = ___ c) 9 cm = ___

3,8 cm = ___ 11,5 cm = ___ 9,3 cm = ___

0,8 cm = ___ 0,5 cm = ___ 0,3 cm = ___

323 Schreibe in mm. 1 m = 1 000 mm Rechne · 1 000

a) 0,5 m = ___ b) 2 m = ___ c) 3 m = ___

0,75 m = ___ 0,8 m = ___ 3,15 m = ___

324 Schreibe in cm. 1 m = 100 cm Rechne · 100

a) 0,5 m = ___ b) 4 m = ___ c) 4,2 m = ___

0,25 m = ___ 4,7 m = ___ 7,9 m = ___

0,75 m = ___ 0,7 m = ___ 8,25 m = ___

325 Schreibe in m. 1 km = 1 000 m Rechne · 1 000

a) 5 km = ___ b) 1,5 km = ___ c) 0,5 km = ___

5,9 km = ___ 6,3 km = ___ 0,15 km = ___

0,9 km = ___ 4,2 km = ___ 0,25 km = ___

326 Schreibe in m. 100 cm = 1 m Rechne : 100

a) 130 cm = ___ b) 240 cm = ___ c) 395 cm = ___

70 cm = ___ 160 cm = ___ 45 cm = ___

327 Schreibe in m. 1 000 mm = 1 m Rechne : 1 000

a) 1 500 mm = ___ b) 900 mm = ___ c) 1 500 mm = ___

1 350 mm = ___ 2 750 mm = ___ 380 mm = ___

800 mm = ___ 3 600 mm = ___ 50 mm = ___

328 Nenne drei Gegenstände, deren Länge, Breite oder Höhe in Zentimetern angegeben wird!

329 Nenne drei Gegenstände, deren Länge, Breite oder Höhe in Millimetern angegeben wird!

330 Warum gibt es überhaupt so viele Maßeinheiten (km, m, dm, cm, mm)? Überlege und formuliere eine Antwort.

331 Frau Leonore näht ihre Kleider und Röcke selbst. In ihrem Nähkästchen ist ein buntes Maßband, das 1,5 m lang ist. Auf der einen Seite ist es gelb gefärbt, auf der anderen Seite sind immer 10 cm abwechselnd orange, weiß und grün. Hier kannst du besonders gut ablesen, dass

150 cm = ______ dm = ______ mm

332 Welche Angaben stimmen überein? Male passende Angaben in derselben Farbe an!

37 mm | 0,37 km | 0,37 m | 0,37 dm | 3,7 m

3 700 mm | 3,7 cm | 37 dm | 370 mm

37 cm | 3 700 dm | 0,0037 km | 370 m | 370 cm

Schreibe in der jeweils angegebenen Einheit an!

333 a) 6 m 2 cm = ______ m b) 10 cm 5 mm = ______ m c) 478 dm = ______ km

d) 9,05 km = ______ m e) 8 402 cm = ______ m f) 2 km 5 m = ______ km

334 a) 1,01 km = ______ m b) 1 001 cm = ______ m c) 100 001 mm = ______ km

d) 5,4 km = ______ dm e) 5,04 m = ______ km f) 5,004 m = ______ dm

335 Diese Gegenstände sind in einem ungewöhnlichen Maß angegeben. Rechne um!

a) 

Breite des Blockes

0,11 m

= ______ cm

= ______ mm

b) 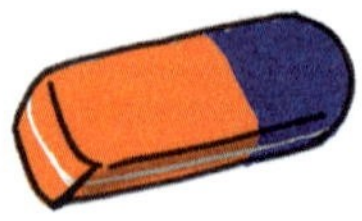

Länge des Radiergummis

0,07 m

= ______ cm

= ______ mm

c) 

Länge der Gurke

0,35 m

= ______ cm

= ______ mm

336 Kann das stimmen? Gib in einem anderen Maß an und entscheide!

a) Ein Mensch kann 200 mm groß werden.

b) Ein Leopard wird bis zu 1 800 mm lang (ohne Schwanzlänge).

c) Ein Sattelschlepper kann 10 000 mm lang sein.

337 Diese Längen- Breiten- oder Höhenangaben zu Österreich sind sehr unpraktisch. Rechne um in ein Maß, mit dem du dir die Angaben besser vorstellen kannst.

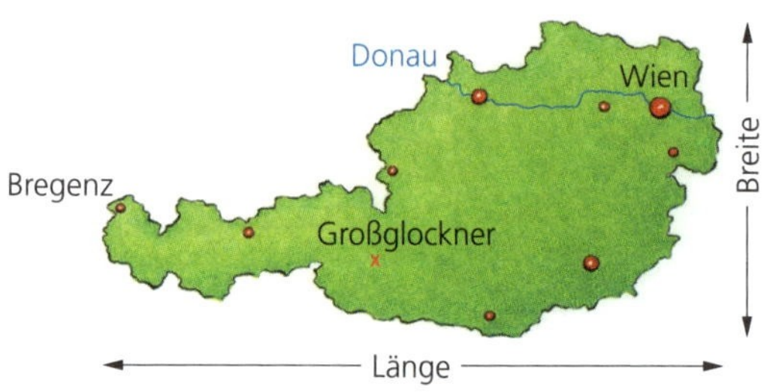

a) Länge Österreichs: 575 000 000 mm

b) Breite Österreichs: 294 000 m

c) Höhe des Großglockners: 3,798 km

d) Entfernung Wien – Bregenz: 505 000 000 mm

e) Länge der Donau innerhalb von Österreich: 357 500 m

338 In der Technik werden meist nur Kilometer, Meter und Millimeter verwendet.
Bestimme die Umrechnungszahl und setze das fehlende Maß ein.

a)	km	=	3 800 m
c)	5 km	=	m
e)	2,5 km	=	m

b)	7,3 m	=	mm
d)	m	=	1 400 mm
f)	m	=	6 200 mm

339 Kannst du diese Strecken hier in das Buch zeichnen? Rechne zuerst in m um, dann in mm.

a) 0,000 025 km = ______ m = ______ mm

b) 0,000 105 km = ______ m = ______ mm

340 Agnieska sagt: „Gestern bin ich fast 9 000 000 mm gelaufen und habe dafür nur eine Stunde gebraucht!" Ist das möglich?

Bevor du antwortest, lies dir durch, was Stefan vorschlägt: „Bei einer so großen Maßzahl ist es doch besser, eine andere Einheit als Millimeter zu verwenden."

a) Welche Einheit würdest du wählen?

b) Gib die Länge der Strecke in der Einheit an, die du gewählt hast.

c) Wie entscheidest du jetzt? Ist es möglich, dass Agnieska eine so lange Strecke in einer Stunde zurückgelegt hat? Warum?

341 Ein Möbeltischler gibt die Maße der Möbel in Millimetern an. Rechne alle Maße in cm und m um!

Tischplatte: l = 1 650 mm, b = 800 mm, h = 30 mm.

in cm: l = ; b = ; h =

in m: l = ; b = ; h =

Bücherregal: l = 1 680 mm; b = 350 mm; h = 1650 mm

in cm: l = ; b = ; h =

in m: l = ; b = ; h =

Aquarium: l = 600 mm; b = 300 mm; h = 300 mm

in cm: l = ; b = ; h =

in m: l = ; b = ; h =

342 Vielleicht hast du solche Wegweiser auch schon einmal gesehen:

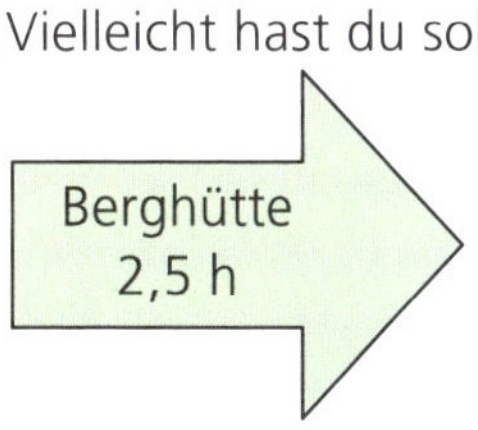

Selten kommt diese Art von Wegweisern vor:

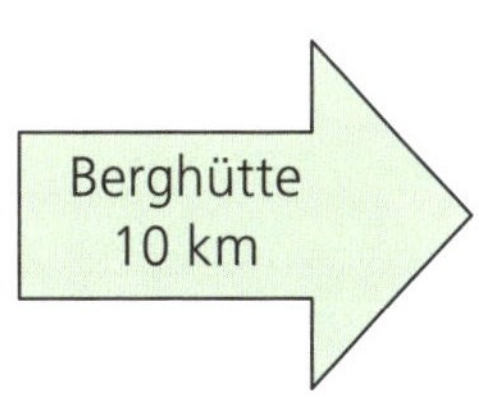

Wieso werden Entfernungen oft in Stunden angegeben und nicht in Längenmaßen?
Schreibe hier Gründe für diese Art von Angabe auf!

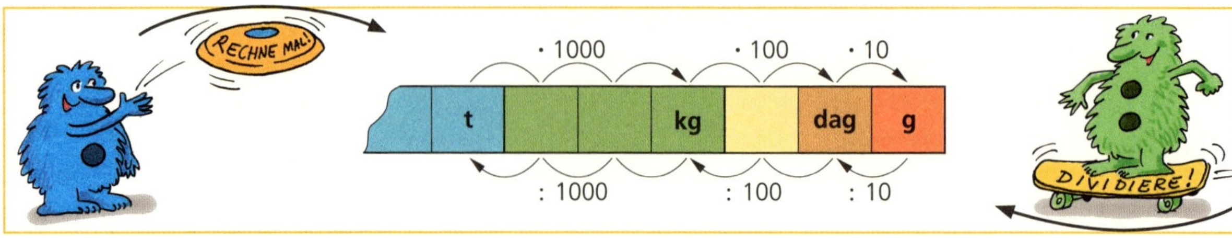

343 Schreibe in g. 1 dag = 10 g Rechne · 10

a) 4 dag = ___
4,5 dag = ___
0,5 dag = ___

b) 8,3 dag = ___
7,2 dag = ___
12,5 dag = ___

c) 0,3 dag = ___
4,8 dag = ___
20,5 dag = ___

344 Schreibe in dag. 1 kg = 100 dag Rechne · 100

a) 2 kg = ___
0,5 kg = ___

b) 0,8 kg = ___
0,75 kg = ___

c) 6,3 kg = ___
0,09 kg = ___

345 Schreibe in g. 1 kg = 1 000 g Rechne · 1 000

a) 3 kg = ___
3,5 kg = ___
3,58 kg = ___

b) 0,5 kg = ___
0,25 kg = ___
0,75 kg = ___

c) 6,7 kg = ___
3,85 kg = ___
0,125 kg = ___

346 Schreibe in kg. 1 t = 1 000 kg Rechne · 1 000

a) 8 t = ___
8,5 t = ___
0,5 t = ___

b) 0,25 t = ___
0,75 t = ___
0,125 t = ___

c) 3,2 t = ___
6,35 t = ___
0,9 t = ___

347 Schreibe in kg. 1 000 g = 1 kg Rechne : 1 000

a) 2 000 g = ___
2 500 g = ___
2 580 g = ___

b) 300 g = ___
800 g = ___
640 g = ___

c) 500 g = ___
1500 g = ___
7300 g = ___

348 Schreibe in kg. 100 dag = 1 kg Rechne : 100

a) 300 dag = ___
150 dag = ___
50 dag = ___

b) 220 dag = ___
30 dag = ___
25 dag = ___

c) 60 dag = ___
15 dag = ___
5 dag = ___

349 „Im Rezept steht 750 g Mehl. Ich hab aber nur 1 kg zu Hause!“ Muss Elly noch Mehl kaufen?

350 125 g sind die Hälfte von 250 g. In kg angegeben sind 250 g = $\frac{1}{4}$ kg. Wie viele kg sind dann 125 g?

125g = ______ kg

351 Ergänze die fehlenden Einheiten!
Monika soll für das Abendessen 150 g aufgeschnittene Kantwurst einkaufen. In der Wurstabteilung des Geschäfts verlangt sie aber 150 ______. Der Verkäufer fragt: „Soll ich wirklich 1,5 ______ Kantwurst aufschneiden?“

352 Im August 2010 kam im Tiergarten Schönbrunn ein Pandabär zur Welt. Am 7. Februar 2011 wurde im Tagebuch vermerkt, dass er bereits 10 kg schwer war und damit sein Geburtsgewicht verhundertfacht hatte. Wie viel wog er bei seiner Geburt?

Fotolia.com/kennytong

353 Sophie interessiert sich für große Tiere und findet im Internet Informationen zu afrikanischen Elefanten: Eine Elefantenkuh hat ein Gewicht von ca. 6 t. Das Elefantenbaby wiegt bei seiner Geburt ca. 95 kg.
Sophie will ausrechnen, wie viel beide zusammen wiegen. Sie rechnet 6 + 95 = 101.
„Beide zusammen wiegen 101 t“, meint sie, „denn 101 kg sind sicher zu wenig.“
Was hat Sophie falsch gemacht? Worauf muss Sophie achten? Schreib einen kurzen Tipp und stelle die Rechnung richtig!

354 Ringle die passende Einheit ein!

a) Ein Pkw wiegt 980 …	(1) Dekagramm	(2) Kilogramm	(3) Tonnen
b) Ein Smartphone wiegt 124 …	(1) Gramm	(2) Dekagramm	(3) Kilogramm
c) Meine Hand ist ca. 10 … breit.	(1) Millimeter	(2) Zentimeter	(3) Meter
d) Ein Heft ist 210 … breit.	(1) Millimeter	(2) Zentimeter	(3) Meter
e) Eine Katze wiegt 2,5 …	(1) Gramm	(2) Dekagramm	(3) Kilogramm
f) Ein erwachsener Blauwal wiegt ca. 180 …	(1) Gramm	(2) Kilogramm	(3) Tonnen

355 Drei Kinder stellen sich paarweise gemeinsam auf eine Waage. Susi und Ella wiegen gemeinsam 80 kg. Ella und Anita wiegen gemeinsam 84 kg. Susi und Anita wiegen gemeinsam ebenfalls 84 kg.

PROBLEM LÖSUNG

a) Erkläre, woran man erkennt, dass zwei der Freundinnen gleich viel wiegen!
b) Wie viel wiegt jede der drei Freundinnen?

356 Runde auf Einer (E). Das Ergebnis hat dann keine Kommastelle.

a) 3,2 ≈
4,8 ≈
5,5 ≈
7,1 ≈

b) 12,7 ≈
26,3 ≈
39,9 ≈
21,4 ≈

c) 5,72 ≈
2,35 ≈
9,28 ≈
5,85 ≈

357 Runde auf Zehntel (z). Das Ergebnis hat dann eine Kommastelle.

a) 0,35 ≈
0,88 ≈
0,61 ≈
0,72 ≈

b) 7,49 ≈
3,51 ≈
4,77 ≈
6,83 ≈

c) 0,388 ≈
0,463 ≈
1,709 ≈
2,834 ≈

358 Runde auf Hundertstel (h), das Ergebnis hat dann zwei Kommastellen.

a) 0,835 ≈
0,284 ≈
0,677 ≈
0,433 ≈

b) 0,072 ≈
0,038 ≈
0,045 ≈
0,309 ≈

c) 1,035 ≈
2,804 ≈
4,943 ≈
5,009 ≈

359 Runde auf den größten vorkommenden Stellenwert – das ist hier der Einer.

a) 6,3 ≈
7,28 ≈
4,09 ≈

b) 3,763 ≈
2,9 ≈
8,42 ≈

360 Runde auf den größten vorkommenden Stellenwert. Unterstreiche die erste Ziffer, beachte die „Nullen danach“! 428,9 ≈ 400

a) 42,3 ≈
6,7 ≈
25,42 ≈

b) 19,28 ≈
513,5 ≈
2,8 ≈

c) 73,3 ≈
8,72 ≈
48,55 ≈

361 Lukas sagt: „Ich habe rund 8 € in meiner Geldbörse.“ Wie viel Geld könnte in seiner Geldbörse sein? Gib vier Möglichkeiten an:

362 Mirko stoppt mit seiner Uhr, wie lang er braucht, um einen Krug mit einem Liter Wasser zu füllen. Er misst 6,73 Sekunden.

a) Runde 6,73 einmal auf Zehntel und einmal auf Einer und trage die Zahlen auf dem Zahlenstrahl ein.

b) Erkläre, wie du gerundet hast.

363 Der Weltrekordhalter im 100 m-Sprint der Männer, Usain Bolt aus Jamaika, lief die Strecke von 100 m in 9,58 s und stellte damit 2009 den neuen Weltrekord auf. Warum wird diese Zeitangabe nicht gerundet?

364 Raphael und Dominik runden und vergleichen ihre Ergebnisse:

Dominik hat so gerundet: $46{,}47 \approx 46$

Raphael hat so gerundet: $46{,}47 \approx 46{,}5 \approx 47$

Wer von beiden hat recht? Erkläre, wie die beiden unterschiedlichen Ergebnisse zustande gekommen sind. Welche Regel wurde nicht beachtet?

365 Runde die Zahlen auf Hundertstel, Zehntel, Einer und Zehner:

H	Z	E	,	z	h	t
3	0	4	,	6	2	9
			,			
			,			
			,			
			,			

Z	E	,	z	h	t
8	5	,	3	9	2
		,			
		,			
		,			
		,			

H	Z	E	,	z	h	t
1	0	4	,	5	7	3
			,			
			,			
			,			
			,			

366 Gib drei verschiedene Zahlen an, die gerundet wurden auf:

a) 75,8

b) 493

c) 48,2

d) 6,05

367 Addiere im Kopf oder schreibe rechts untereinander!

a) 7,2 + 0,6 = 　　b) 5,5 + 2,8 =

c) 3,5 + 1,4 = 　　d) 4,7 + 1,5 =

368 Subtrahiere im Kopf oder schreibe rechts untereinander!

a) 8,9 − 0,4 = 　　b) 2,2 − 0,8 =

c) 6,7 − 3,5 = 　　d) 4,3 − 1,7 =

369 Du bezahlst diese Waren mit einem 5-Euro-Schein. Wie viel Euro bekommst du jeweils zurück?

a) 0,93 €

b) 3,55 €

c) 4,49 €

370 Schreibe die Zahlen zuerst stellenwertrichtig untereinander und ergänze fehlende Dezimalstellen durch Nullen. Addiere dann!

a) 28,6 + 2,25 + 3,1 =

b) 16,85 + 1,3 + 2,6 =

371 Schreibe stellenwertrichtig untereinander und ergänze fehlende Dezimalstellen durch Nullen. Subtrahiere dann!

a) 180 − 13,75 =

b) 27 − 4,3 =

372 Zwei Kinder gehen einkaufen. Haben sie genug Geld? Wenn ja, wie viel bleibt jedem übrig? Wenn nein, welche Waren müssen sie zurücklegen, damit jedes Kind mit seinem Betrag auskommt?

David hat 10 €.		Maja hat 20 €.	
1,39 € 	Rechnung:	12,89 € 	Rechnung:
8,59 € 		1,49 € 	
1,69 € 		1,25 € 	

373 Suche aus den Zahlen sechs Paare aus, die addiert eine Zahl ergeben, die keine Ziffern nach dem Komma hat, z. B. 3,57 + 1,43 = 5. Das Ergebnis deiner Rechnung soll also eine natürliche Zahl sein. Berechne dann das Ergebnis!

5,93 | 5,1 | 0,07 | 1,11 | 2,05 | 0,001 | 0,9

98,89 | 3,07 | 7,95 | 1,24 | 3,995 | 4,65 | 2,76

0,35 | 0,93 | 4,988 | 0,012 | 2,999 | 2,005

374 Berechne die Summe und schreibe das Ergebnis als Dezimalzahl!

a) $0,1 + \frac{1}{100} =$ **b)** $0,732 + \frac{1}{10} =$ **c)** $0,432 + \frac{5}{100} =$

375 Wie viel fehlt auf die nächste ganze Zahl? Schreibe die Zahl ins Kästchen.

a) 0,35 **b)** 1,75 **c)** 2,08

d) 5,47 **e)** 7,36 **f)** 8,42

376 Überprüfe die sechs Rechnungen. Finde die zwei Fehler und korrigiere sie.

a) 6,03 + 15,2 = 21,23 **b)** 27,3 + 2,25 = 29,28 **c)** 18,07 + 4,16 = 22,23

d) 25,5 - 25,05 = 0,45 **e)** 2,432 - 0,23 = 2,202 **f)** 23,86 - 3,6 = 20,8

377 Nur ein Ergebnis passt. Finde es mithilfe einer Überschlagsrechnung!

a) 8,42 + 2,57 = **(1)** 10,19 **(2)** 10,99 **(3)** 10,55

b) 4,6 + 3,283 = **(1)** 7,289 **(2)** 7,343 **(3)** 7,883

c) 18,44 − 6,32 = **(1)** 11,76 **(2)** 13,76 **(3)** 12,12

d) 36,636 − 16,633 = **(1)** 16,003 **(2)** 18,003 **(3)** 20,003

378 Beachte die Anzahl der Kommastellen!

a) 2,6 · 5 **b)** 3,9 · 7 **c)** 8,4 · 8

379 Achte auf richtiges Untereinanderschreiben!

a) 2,8 · 46 **b)** 16 · 3,9 **c)** 7,2 · 82

380 Beachte die Anzahl der Kommastellen!

a) 4,5 · 3,6 **b)** 1,6 · 9,3 **c)** 0,73 · 2,7

381 Rechne ohne Anschreiben der „Nullenzeilen", wenn möglich!

a) 6,8 · 40 **b)** 7,3 · 60 **c)** 9,5 · 80

382 Rechne im Kopf, setze das Komma zuletzt!

a) 0,5 · 20 = **b)** 0,8 · 30 = **c)** 0,7 · 600 =

383 Vergleiche die Ergebnisse und erkläre, was du herausgefunden hast!

(1) 6 · 7 =

(2) 6 · 0,7 =

(3) 0,6 · 7 =

(4) 0,6 · 0,7 =

384 Diese Rechnungen merke ich mir besonders gut!

5 · 2 = 10 **25 · 4 = 100** **125 · 8 = 1 000**

a)	b)	c)
5 · 2 =	25 · 4 =	125 · 8 =
0,5 · 2 =	25 · 0,4 =	125 · 0,8 =
5 · 0,2 =	2,5 · 4 =	12,5 · 8 =
0,5 · 0,2 =	2,5 · 0,4 =	12,5 · 0,8 =

385 Welchen Zusammenhang zwischen den Rechnungen in einer Spalte findest du? Schreibe eine kurze Erklärung unter die Spalten!

a)	b)	c)	d)
4,8 · 10	24,6 · 2	45,8 · 10	12,06 · 2
4,8 · 5	24,6 · 20	45,8 · 5	12,06 · 20
4,8 · 15	24,6 · 18	45,8 · 15	12,06 · 18

386 Berechne!

a) 9,6 · 2   9,6 · 0,2   9,6 · 0,02   9,6 · 2,02

b) 18,4 · 5   18,4 · 0,5   18,4 · 0,05   18,4 · 5,05

387 Stelle durch eine Überschlagsrechnung fest, an welcher Stelle das Komma zu setzen ist, und überprüfe mit dem Taschenrechner, ob du das Komma richtig gesetzt hast.

a) 53,42 · 8,65 = 462 083   b) 182,36 · 0,5 = 9 118

388 Gib vor dem Dividieren den Stellenwert an!

a) 3 9 , 2 : 7 = b) 5 0 , 4 : 6 = c) 7 , 8 3 : 3 =

389 Rechne nach dem Komma bis null Rest!

a) 5 6 , 4 : 8 = b) 7 , 4 : 5 =

390 Hier ist das Ergebnis kleiner als 1!

a) 6 , 3 : 9 = b) 5 , 6 : 7 = c) 2 , 8 8 : 4 =

391 Hier ist das Ergebnis wieder < 1. Schreibe eine oder mehrere Nullen nach der letzten Ziffer herunter und rechne bis null Rest!

a) 3 , 7 : 4 = b) 6 , 8 : 8 = c) 2 , 7 : 8 =

392 Rechne hier bis null Rest! Überprüfe dann mit der Probe (Multiplikation).

a) 1 1 6 , 4 : 8 = b) 1 5 4 : 4 =

393 Beachte die Nullen. Rechne anschließend die Probe (Multiplikation)!

a) 1 4 2 , 1 : 7 = b) 3 5 , 4 : 5 =

394 Was passiert mit den Ziffern einer Zahl in einer Stellenwerttafel, wenn die Zahl durch 10 und durch 100 dividiert wird?

	H	Z	E	,	z	h	
258	2	5	8	,			
258 : 10		2	5	,	8		25,8
258 : 100			2	,	5	8	2,58

Ergänze folgende Sätze:

Bei der Division durch werden aus allen Zehnern Einer, aus allen werden Zehntel.

Bei der Division durch 100 werden aus allen Zehntel und als allen Einern werden .

395 Berechne!

a) 2 5 8 : 3 =

b) 2 5 8 : 30 =

c) 2 5 8 : 300 =

d) 2 5 , 8 : 3 =

e) 2 5 , 8 : 30 =

f) 2 5 , 8 : 300 =

396 Von den sechs Rechnungen von Aufgabe 395 **a)** bis **f)** haben manche dieselben Ergebnisse. Wieso? Schreibe eine kurze Erklärung und verwende dabei die Begriffe Dividend und Divisor.
Hinweis: Die Zahl, die dividiert wird, heißt Dividend. Die Zahl, durch die dividiert wird, heißt Divisor.

397 Schau dir die erste Rechnung genau an und ergänze dann die anderen zu richtigen Rechnungen.

a) 119 : 7 = 17	119 : = 1,7	119 : 700 =
b) 117 : 9 = 13	11,7 : 9 =	117 : = 0,13

398 Wiederhole das Dividieren durch einen zweistelligen Divisor, rechne bis null Rest!

a) 6 4 , 8 : 12 = **b)** 5 2 , 5 : 15 = **c)** 7 5 , 6 : 21 =

399 Dividiere bis null Rest, achte auf den Stellenwert!

a) 3 0 , 5 5 : 13 = **b)** 1 1 , 8 8 : 22 =

400 Multipliziere beide Zahlen mit 10, damit der Divisor eine natürliche Zahl wird!

2,4 : 0,8 = |· 10	216 : 0,3 = |· 10	4,59 : 0,9 = |· 10
24 : 8 =	2 160 : 3 =	45,9 : 9 =

a) 6,3 : 0,9 = **b)** 72 : 0,4 = **c)** 4,13 : 0,7 =

401 Multipliziere beide Zahlen mit 100, dann wird der Divisor eine natürliche Zahl.

64 : 0,08 = |· 100	76,2 : 0,06 = |· 100	0,75 : 0,25 = |· 100
6 400 : 8 =	7 620 : 6 =	75 : 25 =

a) 38 : 0,04 = **b)** 47,6 : 0,08 = **c)** 0,36 : 0,12 =

402 Schau zuerst auf den Divisor (die zweite Zahl), dann weißt du, ob du mal 10 oder 100 rechnen sollst.

a) 4,2 : 0,8 = **b)** 482,5 : 0,05 = **c)** 6,38 : 1,1 =

403 Elif sieht folgende Rechnungen an der Tafel:

3 : 10 = 0,3   3 : 1 = 3   3 : 0,1 = 30

Sie wundert sich: „Wie kann es sein, dass bei einer Division das Ergebnis größer ist als die Zahl, die dividiert wird? Dividieren heißt doch teilen. Wenn ich etwas mit jemandem teile, habe ich weniger als vorher!"

Jakob flüstert ihr zu: „Überleg doch, wie oft 0,1 in 3 enthalten ist!"

Findest du Jakobs Tipp hilfreich? Kannst du das Ergebnis mithilfe eines Zahlenstrahls erklären? Schreibe deine Überlegungen dazu auf!

404 Berechne und vergleiche die Ergebnisse!

a) 4 5 : 1,5 =   4 , 5 : 1,5 =   4 5 : 0,15 =

b) 2 5 2 : 2,1 =   2 5 , 2 : 2,1 =   2 5 , 2 : 0,21 =

405 Welche der folgenden Divisionen haben dasselbe Ergebnis wie die Rechnung 39,1 : 17 ?
Kreuze ohne zu rechnen an und begründe deine Antwort!

- ☐ **a)** 3,91 : 17 =
- ☐ **b)** 3,91 : 1,7 =
- ☐ **c)** 39,1 : 1,7 =
- ☐ **d)** 39,1 : 170 =
- ☐ **e)** 391 : 170 =

406 Beachte die Rangordnung: Klammer vor Punktrechnung!

a) $3{,}4 \cdot (6{,}5 + 3{,}5) =$ **b)** $7{,}3 \cdot (4{,}8 + 2{,}2) =$

407 Löse zuerst die Klammerrechnung!

a) $8{,}5 + (0{,}3 + 2{,}6) =$ **b)** $6{,}7 - (2{,}8 + 1{,}4) =$

408 Punktrechnung vor Strichrechnung!

a) $6{,}2 \cdot 10 + 0{,}9 \cdot 10 =$ **b)** $5 : 2 + 6 \cdot 0{,}2 =$

409 Trage die Zeichen +, – und ·, : so ein, dass beide Rechnungen stimmen!
Tipp: Jedes Beispiel enthält eine Punktrechnung und eine Strichrechnung.

a) 8 ☐ 0,5 ☐ 3 = 7 **b)** 7,5 ☐ 3 ☐ 2 = 0,5

410 Berechne Teile und Vielfache!

a) Berechne das Doppelte von 1,5.
b) Wie groß ist ein Viertel von 30?
c) Stelle das Zehnfache von 2,8 fest.
d) Berechne die Hälfte von 9.

411 Kontrolliere dich selbst, indem du die Ziffern deiner Ergebnisse in der Sonne durchstreichst. Alle Ziffern kommen vor!

$10{,}7 - 3{,}8 =$

$7{,}6 \cdot 50 =$

$43{,}5 : 6 =$

$3{,}2 + 0{,}9 =$

412 Welche von diesen Rechnungen hat das größte Ergebnis, welche das kleinste?

(1) $3{,}5 \cdot 2{,}6 + 1{,}8 \cdot 4{,}2 =$ **(2)** $3{,}5 \cdot (2{,}6 + 1{,}8 \cdot 4{,}2) =$

(3) $(3{,}5 \cdot 2{,}6 + 1{,}8) \cdot 4{,}2 =$ **(4)** $3{,}5 \cdot (2{,}6 + 1{,}8) \cdot 4{,}2 =$

Überlege zuerst und berechne dann die Ergebnisse dieser Rechnungen!

ingimage.com

413 Mike und Denis kümmern sich um die Getränke für die Klassenparty.
Sie rechnen damit, dass jedes Kind ca. 0,5 l trinken wird. Die Getränke sind in 1,5 l-Flaschen abgefüllt. Im Supermarkt kostet eine1,5 l-Flasche 1,65 €.
Wie viel Liter Getränke müssen gekauft werden, wenn 18 (24, 36, 42) Kinder angemeldet sind? Wie viel ist jeweils zu bezahlen? Arbeite mit einer Tabelle!

414 PROBLEM LÖSUNG

Ahmed hat für sich und seine Schwester je 3 Hefte um 0,90 € und je ein Geodreieck um 1,90 € gekauft. Seine Mutter hat ihm einen 10 €-Schein mitgegeben. Kann er sich vom Restgeld noch einen Schokoriegel um 89 Cent kaufen?

415 Mario hat von den Großeltern 40 € bekommen. Er möchte damit Kleidung kaufen. Im Geschäft sieht er folgende Sachen:

a) Welche zwei Waren kann er kaufen? Gib beide Lösungen an.

b) Wie viel € bekommt Mario jeweils zurück?

416 Für die Schule benötigt Lea drei Dinge. Wie viel Euro kosten sie insgesamt? Sie bezahlt mit einem 10-€-Schein. Wie viel Euro bekommt sie zurück?

Überlege, was du berechnen kannst. Verwende die entsprechende Rechenart:
Addieren oder Subtrahieren, Multiplizieren oder Dividieren. Schreibe auch eine Antwort.

417 Elena springt 2,9 m weit, Anna springt um 0,3 m weiter.

418 Das Sammeltaxi kostet 9 €, vier Personen fahren mit.

419 Tina hat Katze Micky auf dem Arm und steht auf der Waage, beide zusammen sind 43,4 kg schwer. Tina wiegt alleine 39,8 kg.

420 Der Zehnerblock für das Schwimmbad kostet 24 €.

421 Welche Rechenoperation passt? Kreuze an und berechne!

	+	–	·	:	Rechnung und Ergebnis
6 Liter Apfelsaft werden in Gläser gefüllt. Wie viele Gläser kann man füllen, wenn jedes Glas 0,2 Liter fasst?					
1 Liter Apfelsaft kostet 1,65 €. 1 Liter Erdbeersaft kostet um 0,25 € mehr als der Apfelsaft. Wie teuer ist der Erdbeersaft?					
Raphael kauft 4 Liter Erdbeersaft. Wie viel muss er bezahlen?					
Mit der Einkaufstasche wiegt Raphael 43,5 kg. Die Tasche allein ist 4,8 kg schwer. Wie viel wiegt Raphael?					
Raphaels Bruder ist 22,8 kg schwer. Um wie viel kg ist Raphael schwerer als sein Bruder?					
Raphaels Mutter hat das Auto in einer Tiefgarage geparkt. Für jede angefangene Stunde muss sie 1,80 € bezahlen. Sie parkt 2,5 Stunden. Wie viel muss sie bezahlen?					

422 Ergänze folgende Preislisten!

Fotolia.com/CrackerClips

Anzahl	Preis
1	
2	
3	
4	
5	
6	1,20 €
10	

VERITAS VERLAG, Linz/Susanne Suk

Gewicht	Preis
1 kg	
2 kg	
3 kg	9,60 €
4 kg	
5 kg	
6 kg	
10 kg	

ingimage.com

Anzahl	Preis
1	
2	
3	
4	
5	6,00 €
6	
10	

423 PROBLEM LÖSUNG

Felix hat zum Geburtstag von den Großeltern 50 Euro bekommen. Er findet im Geschäft viele tolle Sachen, die er gerne kaufen würde: Ein Shirt, Jeans, eine Kappe und einen Sweater. Er will so viel wie möglich davon kaufen und zugleich möchte er, dass so wenig Geld wie möglich übrig bleibt. Wie kann er das Problem lösen? Gibt es mehrere Lösungen?

424 Wie viele Quadrate findest du hier?
Zeichne dieselbe Figur rechts.

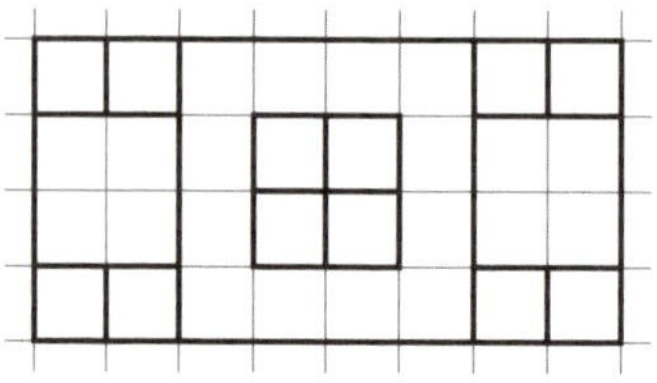

425 Verbinde passende Punkte zu Quadraten. Du erhältst 13, kein Punkt bleibt übrig, keiner wird doppelt verwendet.

PROBLEM LÖSUNG

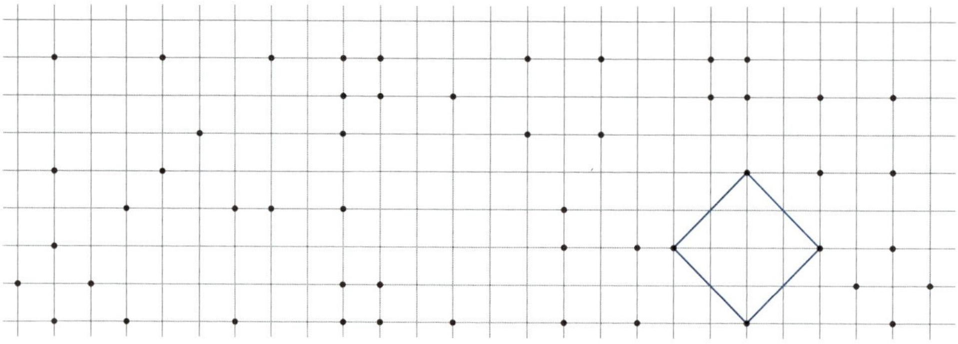

426 Zeichne ein Quadrat und die Diagonalen. Gib die Länge der Diagonalen an und berechne den Umfang.

s = 3,5 cm

427 Zeichne ein Rechteck und die Diagonalen. Gib die Länge der Diagonalen an und berechne den Umfang!

l = 6,5 cm

b = 4,3 cm

428 Beschrifte die Figuren und zeichne alle Symmetrieachsen ein

a) 

b) 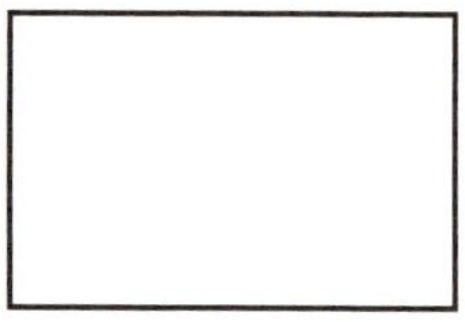

c) 

429 In der unten stehenden Grafik gibt es viele Rechtecke und auch einige Quadrate. Wie viele Quadrate findest du? Umrande sie färbig!

a)

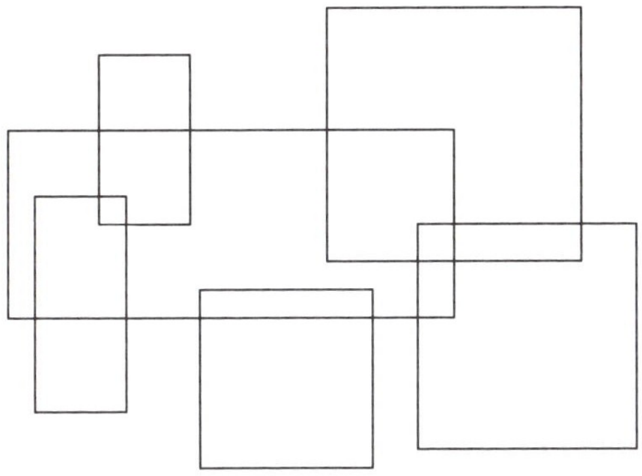

Anzahl Quadrate:

b)

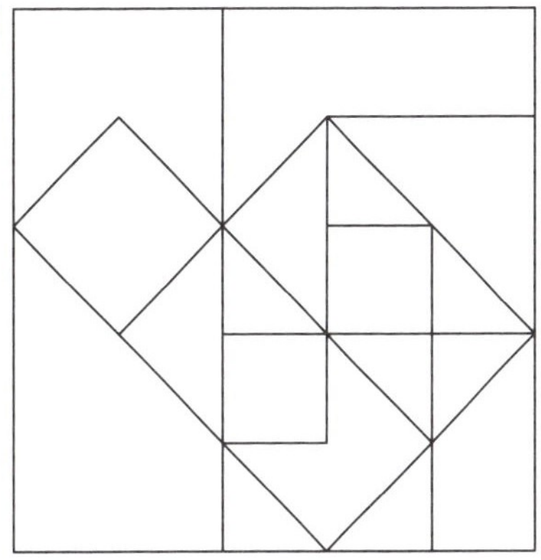

Anzahl Quadrate:

430 Zeichne ein Rechteck mit $a = 8$ cm, $b = 5$ cm.

a) Miss die Länge der Diagonalen!

b) Miss die Winkel, die die beiden Diagonalen miteinander einschließen! (Es gibt im Schnittpunkt einen spitzen und einen stumpfen Winkel.)

c) Addiere die beiden Winkel, die du bei **b)** gemessen hast. Ihre Summe muss 180° ergeben. Muss das immer so sein? Erkläre!

431 Manche der folgenden Aussagen gelten für Rechtecke oder für Quadrate oder für Rechtecke und Quadrate. Manche können auch weder für Rechtecke noch für Quadrate gelten. Kreuze an!

a) Die Figur hat vier rechte Winkel.
☐ Rechteck und Quadrat ☐ nur Rechteck ☐ nur Quadrat ☐ keines von beiden

b) Alle Seiten sind gleich lang.
☐ Rechteck und Quadrat ☐ nur Rechteck ☐ nur Quadrat ☐ keines von beiden

c) Die Diagonalen sind gleich lang.
☐ Rechteck und Quadrat ☐ nur Rechteck ☐ nur Quadrat ☐ keines von beiden

d) Die Diagonalen sind verschieden lang.
☐ Rechteck und Quadrat ☐ nur Rechteck ☐ nur Quadrat ☐ keines von beiden

e) Die Diagonalen können miteinander einen spitzen Winkel einschließen.
☐ Rechteck und Quadrat ☐ nur Rechteck ☐ nur Quadrat ☐ keines von beiden

f) Die Diagonalen schließen einen rechten Winkel miteinander ein.
☐ Rechteck und Quadrat ☐ nur Rechteck ☐ nur Quadrat ☐ keines von beiden

g) Benachbarte Seiten sind verschieden lang.
☐ Rechteck und Quadrat ☐ nur Rechteck ☐ nur Quadrat ☐ keines von beiden

432 Benenne die Figuren und beschrifte ihre Seiten! Miss die Längen der Seiten und berechne jeweils den Umfang.

a) 

l =

b =

u =

b) 

s =

u =

433 Laras kleiner Bruder hat eine quadratische Sandkiste aus Holz. Neue Sitzbretter sollen rundherum befestigt werden. Jede Seite ist **außen** 1,30 m lang.

a) Wie viele Meter Holz müssen mindestens gekauft werden?

b) Warum werden Laras Eltern vermutlich nicht **eine** lange Leiste kaufen?

434 Max hat für seine Kaninchen einen Freilaufstall bekommen. Der Stall ist 1,60 m lang und 0,90 m breit. Max will unten rundherum eine Holzleiste befestigen, damit sich die Kaninchen nicht durchgraben können. Wie viel Meter Holzleiste muss er mindestens kaufen?

435 Lenas Hasen bekommen einen Freilaufstall. Der Stall wird quadratisch und soll eine Seitenlänge von 1,2 m haben. Er wird genau an das vorhandene Holzhaus für die Hasen angebaut.
Wie viele Meter Zaun müssen gekauft werden? Überlege, wie viele Seiten du benötigst!

436 Jeweils zwei der vier Figuren haben den gleichen Umfang. Miss ab und berechne ihn. Ziehe gleiche Umfänge mit gleicher Farbe nach.

1)  **2)**  **3)**  **4)** 

437 In jeder Figur ist bei der Beschriftung etwas falsch. Finde alle Fehler und korrigiere sie!

(1)

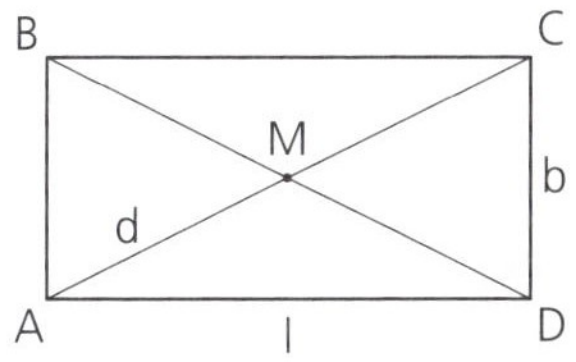

(2)

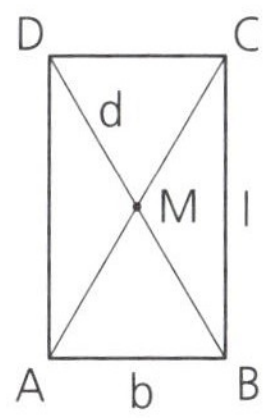

(3)

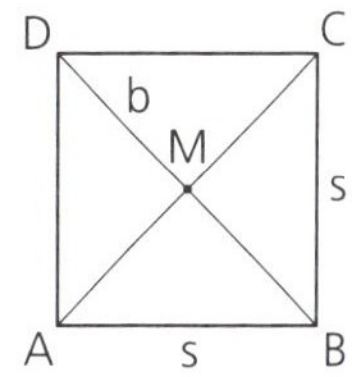

438 Bauer Müller hat eine rechteckige Weide, die 46,5 m lang und 27 m breit ist. Damit die Kühe nicht davonlaufen, errichtet er einen Zaun.

a) Wie lang muss der Zaun sein? Wie viel Draht muss der Bauer kaufen, wenn er ihn dreimal um das ganze Feld spannen will?

b) Wie viele Zaunpfosten braucht er, wenn er alle 15 m einen Pfosten einschlagen will?

c) Eine kleine Rolle Draht mit 50 Laufmetern kostet 10,60 €. Eine mittlere Rolle (100 m) kostet 19,80 € und die große Rolle mit 250 m kostet 42 €. Wie viele und welche Rollen soll Herr Müller kaufen, damit sein Zaun möglichst wenig kostet?

439 Corinna und Julian bekommen im Garten zwei Fußballtore (siehe Bild). Ihre Eltern wollen die Tore selbst aus Holzleisten bauen. Jedes Tor soll 2 m hoch und 3 m breit sein. Die schrägen Stangen zum Abstützen der Tore sollen 2,5 m lang werden.
Wie viele Meter Holz wird man für die beiden Tore insgesamt brauchen?

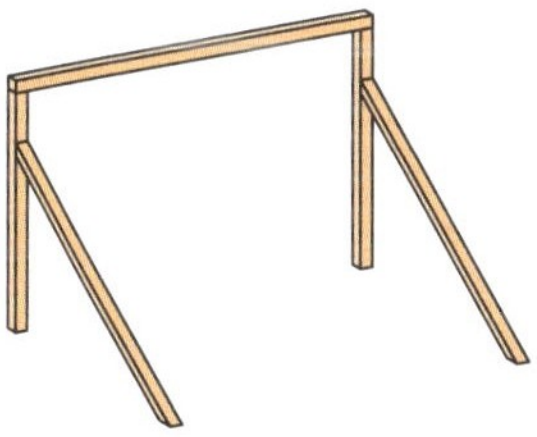

440 PROBLEM LÖSUNG

Für ein Werk-Projekt braucht Danijela viele Brettchen, die 30 cm lang und 20 cm breit sind. Sie möchte eine 80 cm lange und 70 cm breite Platte zersägen. Wie viele Brettchen kann sie höchstens daraus machen? Wie soll sie die Brettchen anordnen, damit sie möglichst viele unterbringt?

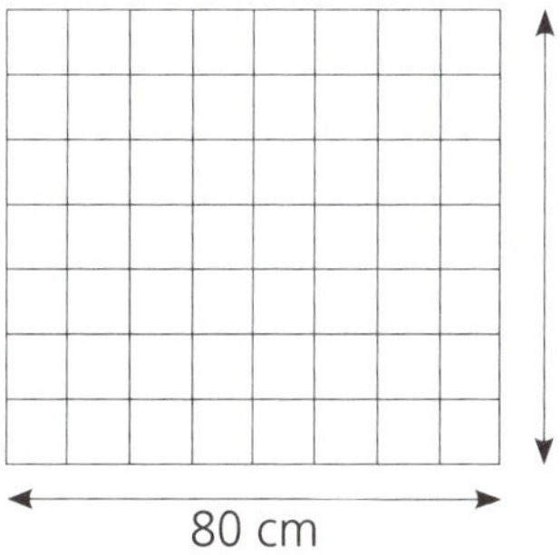

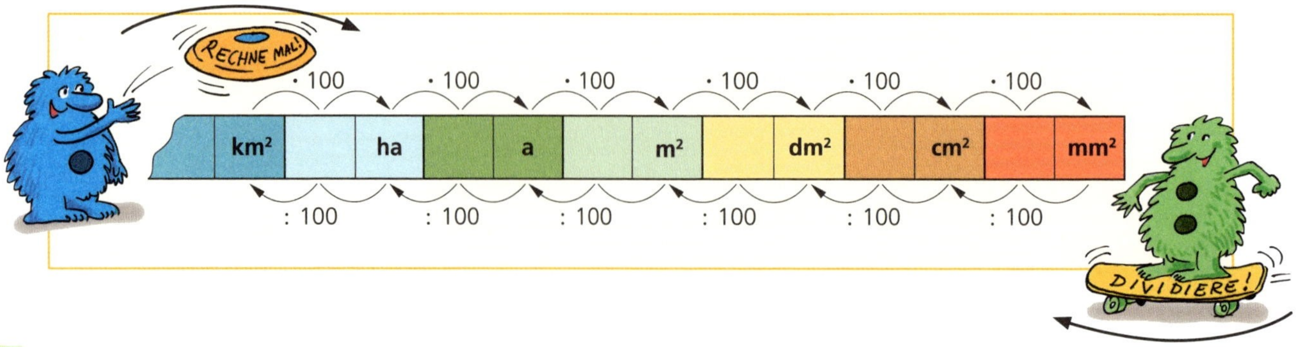

441 Schreibe zuerst als Dezimalzahl und rechne dann in das nächstkleinere Maß um:

$\frac{1}{2} = 0{,}5$ | $\frac{1}{4} = 0{,}25$ | $\frac{3}{4} = 0{,}75$

Beispiel: $5\frac{1}{4}\,m^2 = 5{,}25\,m^2 = 525\,dm^2$

a) $\frac{1}{2}\,m^2 =$ ______ = ______ b) $\frac{1}{2}\,dm^2 =$ ______ = ______

c) $\frac{1}{4}\,m^2 =$ ______ = ______ d) $1\frac{1}{4}\,dm^2 =$ ______ = ______

e) $\frac{3}{4}\,m^2 =$ ______ = ______ f) $2\frac{3}{4}\,dm^2 =$ ______ = ______

442 Rechne in das nächst**kleinere** Flächenmaß um. Die **Zahl** wird **größer**.

a) $1{,}8\,m^2 =$ ______ b) $1{,}50\,dm^2 =$ ______ c) $2{,}6\,cm^2 =$ ______

d) $0{,}85\,m^2 =$ ______ e) $3{,}88\,dm^2 =$ ______ f) $0{,}5\,cm^2 =$ ______

443 Rechne in das nächst**größere** Flächenmaß um. Die **Zahl** wird **kleiner**.

a) $6\,200\,mm^2 =$ ______ b) $180\,cm^2 =$ ______ c) $80\,dm^2 =$ ______

d) $500\,mm^2 =$ ______ e) $30\,cm^2 =$ ______ f) $250\,dm^2 =$ ______

444 Zu jeder Angabe gibt es zwei richtige Antworten. Kreuze sie an!

a) $5{,}8\,dm^2$ sind:	☐ $58\,cm^2$	☐ $580\,cm^2$	☐ $5{,}80\,dm^2$	☐ $5{,}08\,dm^2$
b) $3{,}5\,m^2$ sind:	☐ $3\frac{1}{2}\,m^2$	☐ $35\,dm^2$	☐ $350\,dm^2$	☐ $3\,500\,dm^2$
c) $25\,dm^2$ sind:	☐ $2{,}5\,m^2$	☐ $0{,}25\,m^2$	☐ $250\,m^2$	☐ $\frac{1}{4}\,m^2$
d) $0{,}7\,m^2$ sind:	☐ $70\,dm^2$	☐ $700\,dm^2$	☐ $7\,dm^2$	☐ $0{,}70\,m^2$

445 Haben alle Kinder richtig gerechnet? Stelle Falsches richtig:

$0{,}5\,dm^2 = 0{,}50\,dm^2 = 50\,cm^2$ — *Achim*

$80\,cm^2 = 8\,dm^2$ — *Tobias*

$4{,}5\,m^2 = 450\,dm^2$ — *Lea*

$130\,dm^2 = 1{,}30\,m^2 = 1{,}3\,m^2$ — *Laura*

446 Die Umrechnungszahl für Flächen ist 100, daher gehören zu jeder Einheit *zwei* Ziffern.
Die Einheit hinter der Zahl bezieht sich auf die Einerstelle! Ergänze Nullen falls nötig!

Beispiel: $76{,}415\ m^2 = 76{,}4150\ m^2$ (m^2 dm^2 cm^2)

$= 7641{,}50\ dm^2 = 764150\ cm^2 = 76\ m^2\ \ 41\ dm^2\ \ 50\ cm^2$ (m^2 dm^2 cm^2)

	km^2	ha	a	m^2	dm^2	cm^2	
$5\ km^2\ 36\ m^2$	05	00	00	36			$5\,000\,036\ m^2$
31,014 a			31	01	40		$3\,101{,}4\ m^2$
23 ha $7\ dm^2$							m^2
800,213 ha							m^2
$0{,}0643\ km^2$							ha
$917\,000\ cm^2$							a
3 ha 71 a $8\ m^2$							km^2

447 Betrachte die Grafik und vervollständige den Satz:
Wenn man die Seiten eines Quadrats verzehnfacht, dann
wird der Flächeninhalt ______________________________,
weil ______________________________.

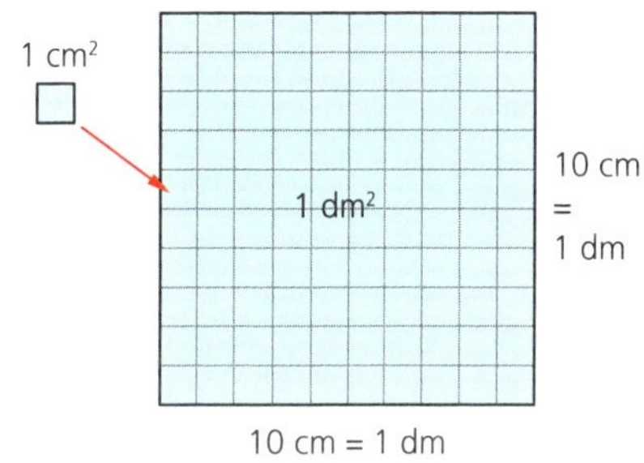

448 Wer hat $135\ m^2\ 8\ dm^2$ richtig umgerechnet?

☐ Betül: 1,358 a ☐ Josef: $13508\ dm^2$ ☐ Lucy: $135{,}08\ m^2$

☐ Daniel: 0,13508 ha ☐ Romana: 1,3508 a ☐ Kevin: 0,013508 ha

449 Erwin klagt: „Das Umrechnen von Flächeneinheiten finde ich unheimlich kompliziert! Das merke ich mir nie!"
„Das ist ganz einfach!", erklärt **Sonja**. „Wenn die Einheit größer werden soll, muss die Zahl auch größer werden, und zwar um das Hundertfache."
Rajan sagt: „Nein, je größer die Einheit wird, desto kleiner muss die Zahl werden!"

Fotolia.com/contrastwerkstatt

Florian erklärt: „Um eine Fläche in die nächstgrößere Einheit umzurechnen, verschiebe ich einfach das Komma um zwei Stellen nach links."
Steven widerspricht: „Um eine Fläche in die nächstgrößere Einheit umzurechnen, verschiebe ich das Komma um zwei Stellen nach rechts."
„Na toll", stöhnt Erwin. „Jetzt bin ich noch verwirrter als vorher!" Kannst du helfen? Wer hat recht?

450 Nicht alle Kinder sagen das Richtige! Korrigiere die falschen Aussagen!
Franz: „Ein Ar sind 100 Hektar."
Leonie: „Ein m^2 besteht aus $10\,000\ cm^2$."
Rosi: „$1000\ dm^2$ sind ein m^2."
Dimitri: „100 Hektar ergeben einen km^2."

451 Miss zuerst die Längen der Seiten und beschrifte dann die Figuren mit Rechteck oder Quadrat! Berechne den Flächeninhalt. Kontrolliere dein Ergebnis dann durch Abzählen.

a) Figur: ______

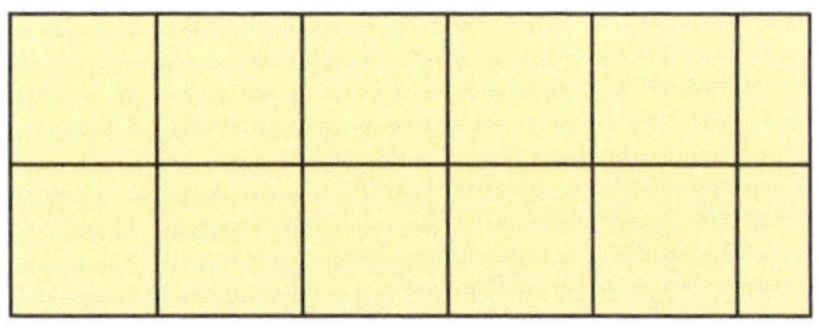

a = ______

b = ______

A = a · b A = ______ · ______ = ______

b) Figur: ______

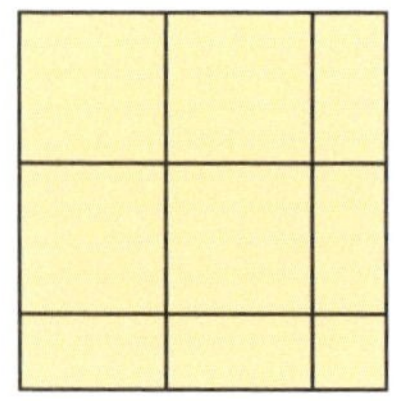

s = ______

A = s · s

A = ______ · ______

A = ______

452 **a)** Lenas Eltern haben ein Grundstück, das 33 m lang und 20 m breit ist. Wie viel m^2 sind das?

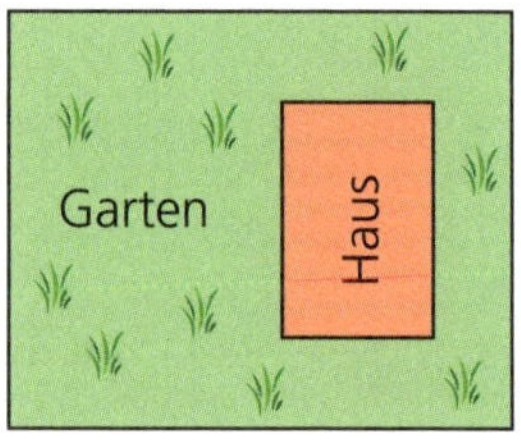

b) Das Wohnhaus hat eine Größe von 14 m × 8,5 m. Wie viel m^2 Wohnfläche sind das? (Es gibt nur ein Erdgeschoß.) Wie viel m^2 bleiben für den Garten übrig?

453 PROBLEM LÖSUNG

Nimm 18 Zahnstocher und ordne sie zu unterschiedlich geformten Rechtecken an. Wie lang und wie breit können die Rechtecke werden? Welches Rechteck hat den größten Flächeninhalt, welches den kleinsten? Kannst du ein noch größeres Flächenstück legen, wenn du zwei Zahnstocher halbierst?

454 Kai sagt: „Im Plan steht, dass ich in unserer neuen Wohnung ein 24 m^2 großes Zimmer bekomme.“ Gib drei Möglichkeiten für die Länge und Breite des Zimmers an. Entsprechen alle Lösungen einer idealen Raumform?

455 Celina möchte eine neue Schreibtischplatte aus Holz kaufen. Es gibt verschiedene Modelle.

(1) Naturholzplatte
l = 1,2 m
b = 60 cm
1 m^2 kostet 80 €

(2) Kunststoffplatte in Farbe
l = 150 cm
b = 70 cm
1 m^2 kostet 48 €

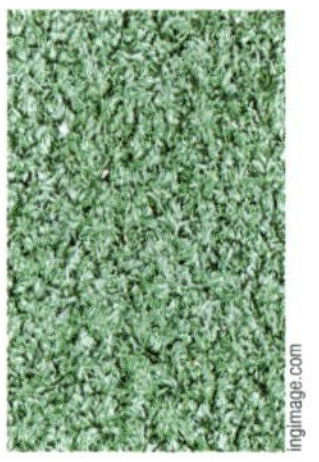

a) Berechne zuerst die Fläche der Platte und dann ihren Preis.

b) Welche Platte ist am größten? Welche kostet am wenigsten? Warum kann eine größere Platte weniger kosten? *Hilfe:* Rechne in Meter!

456 Ein Papierblatt der Größe A4 (= Kopierpapier) hat einen Flächeninhalt von 625 cm^2. In einem Päckchen sind 500 Blatt. Könnte Louis damit den Boden seines Zimmers (22,5 m^2) komplett bedecken?

457 Marie bepflanzt ein Blumenkistchen (70 cm lang, 25 cm breit) mit Basilikum und Kresse. Jonathan baut sich ein Kistchen, das doppelt so lang und doppelt so breit ist (also 140 cm mal 50 cm).
„Ich werde doppelt so viele Kräuter ernten wie du!“, prahlt er.

Fotolia.com/Christian Jung

a) Berechne, wie groß die Fläche ist, die Marie bepflanzen kann. Ist Jonathans Fläche wirklich genau doppelt so groß?

b) Sagt das Ergebnis der Rechnung **a)** etwas darüber aus, um wie viel mehr Jonathan ernten wird? Wovon hängt das ab?

458 Kreuze in jeder Tabelle das richtige Wort an und setze es in der passenden Lücke im Text ein, sodass insgesamt eine mathematisch richtige Aussage entsteht!
Wenn man beide Seiten eines Rechtecks ① ______, dann ② ______ sich der Flächeninhalt.

①	
verdoppelt	☐
verdreifacht	☐
vervierfacht	☐

②	
verdoppelt	☐
verdreifacht	☐
vervierfacht	☐

459 Frau Neuner möchte im Flur ihrer Wohnung einen neuen Parkettboden verlegen lassen.

a) Wie viele m^2 Parkett braucht sie? Entnimm die Maße des Flurs der Skizze.

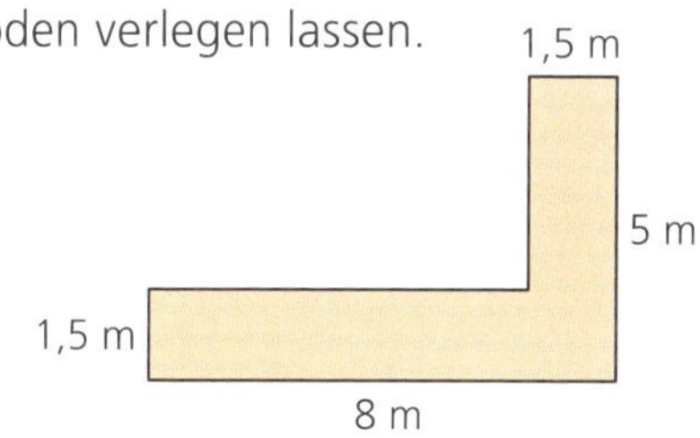

b) Aus der Preisliste eines Parketthändlers:

Ahorn lackiert	54,90 €/m^2	Buche	28,90 €/m^2	Eiche lackiert	36,90 €/m^2
Eiche geölt	41,90 €/m^2	Walnuss	39,90 €/m^2		

Frau Neuner findet Eiche am schönsten. Was muss sie dafür mindestens ausgeben?
Ihr Bruder empfiehlt ihr, nicht mehr als 500 € für das Holz auszugeben. Ist das möglich? Mit welchen Hölzern?

460 Miss die rechteckigen Figuren auf dem Plan ab und berechne Länge und Breite in Wirklichkeit. Achte auf den jeweiligen Maßstab.

a) Kinderzimmer
Maßstab:
1 : 100

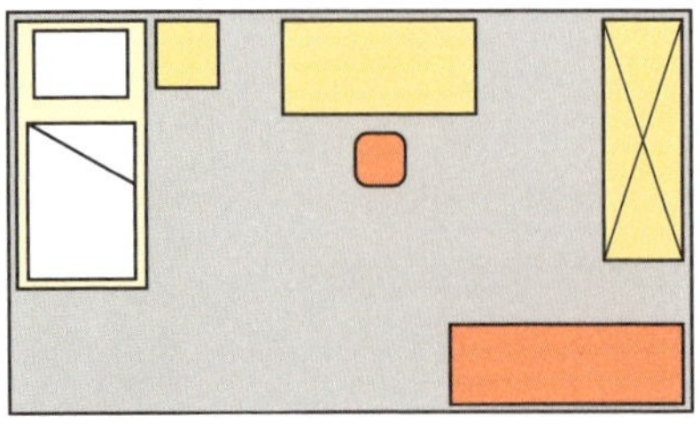

Plan → · 100 → Wirklichkeit	
l =	l =
b =	b =

b) Schrank
Maßstab:
1 : 50

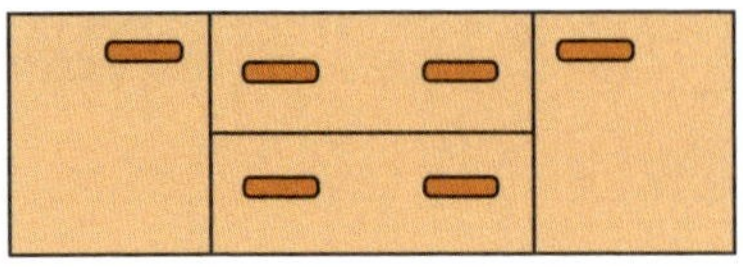

Plan → · 50 → Wirklichkeit	
l =	l =
b =	b =

c) Bild
Maßstab:
1 : 10

Plan → · 10 → Wirklichkeit	
l =	l =
b =	b =

461 Der Plan eines Kinderzimmers hat den Maßstab 1 : 100. Miss ab und berechne folgende Maße in Wirklichkeit:

	Plan → · 100 → Wirklichkeit	
a) Zimmer	l =	
	b =	
b) Tür	b =	
c) Fenster	b =	
d) Bett	l =	
	b =	
e) Schreibtisch	l =	
	b =	
f) Kasten	l =	
	b =	

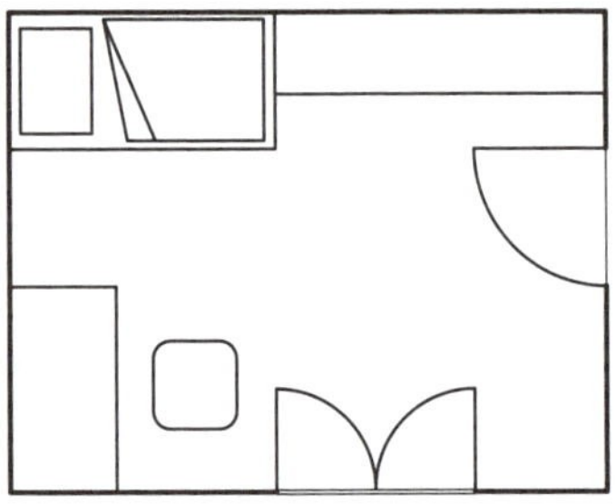

462 Jana stellt fest: „1 cm auf der Wanderkarte entspricht einem Kilometer, den wir gehen müssen."
In welchem Maßstab ist die Karte gezeichnet?

463 Markus googelt die Entfernung von Salzburg nach Wien. Auf dem Bildschirm erscheint die unten stehende Karte. Die Information dazu lautet: „Entfernung Salzburg–Wien Luftlinie: 250 km".

a) In welchem Maßstab ist die Karte ungefähr gezeichnet? Runde sinnvoll!

b) Wie weit ist es (Luftlinie) von Salzburg nach Linz?

c) Wie weit ist es (Luftlinie) von Wien nach Bratislava?

464 Roberto sieht einen Plan von der Wohnung, in die seine Familie bald einziehen will. Er soll das Zimmer in der rechten oberen Ecke bekommen. Er überlegt, wie groß das Zimmer wohl ist. Kannst du ihm helfen?

a) In welchem Maßstab ist der Plan gezeichnet? *Tipp:* Das Doppelbett der Eltern im linken Zimmer ist in Wirklichkeit 2 mal 2 m groß!

Maßstab:

Robertos Zimmer

Länge:

Breite:

Flächeninhalt:

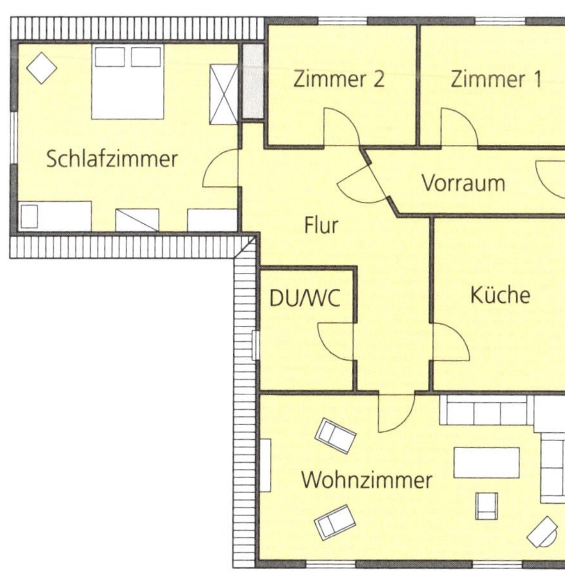

b) Wie weit muss Roberto von seiner Zimmertür bis zum Wohnzimmer gehen? Beachte, dass er nicht durch Wände gehen kann, nur durch die Türen (die als Viertelkreisbögen dargestellt sind).

c) Wie würdest du das Zimmer einrichten? Überlege, wie groß ein Bett / ein Sessel / ein Schreibtisch im Plan sein muss, und achte auf die Lage der Türe und des Fensters!

Tipp:
Rechne alle Maße zuerst in cm um!

465 Zeichne diese Figur im Maßstab 1 : 10!

Buch
l = 22 cm
b = 30 cm

Wirklichkeit → : 10 → Plan	

466 Zeichne diese Platte im Maßstab 1 : 20!

Tischplatte
l = 130 cm
b = 90 cm

Wirklichkeit → : 20 → Plan	

467 Zeichne diese Pinnwand im Maßstab 1 : 50!

Große Pinnwand
l = 2 m
b = 1 m

Wirklichkeit → : 50 → Plan	

468 Zeichne dieses Zimmer im Maßstab 1 : 100!

Kinderzimmer
l = 5,4 m
b = 3,8 m

Wirklichkeit → : 100 → Plan	

469 Das ist Julias Zimmer. Es ist im Maßstab 1 : 50 gezeichnet. Links gibt es eine Tür, die nach innen aufgeht (wie der Kreisbogen zeigt), rechts ist ein Fenster.
Richte das Zimmer ein! Stelle die Möbel (Bett, Nachtkasterl, Schreibtisch, Schrank usw.) in der passenden Größe dar.

	Wirklichkeit	Bild
Länge:		8 cm
Breite:		6 cm

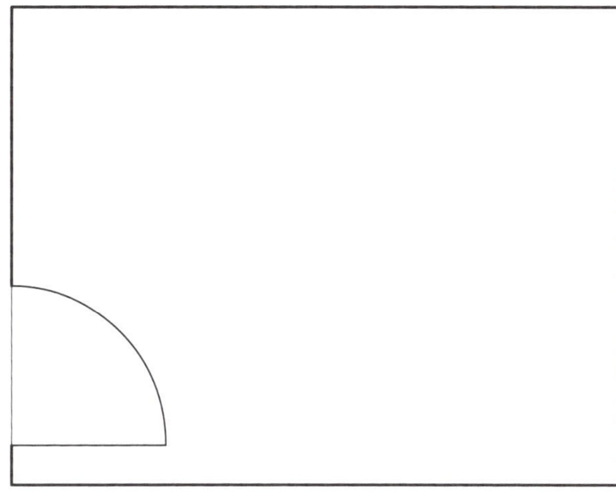

470 Vor Elisabeths Haus liegt eine rechteckige Wiese, die 36 m lang und 27 m breit ist. Der kürzeste Weg zur Bushaltestelle führt für Elisabeth genau diagonal über die Wiese.

a) Zeichne die Wiese im Maßstab 1 : 500! Achte auf die rechten Winkel!

b) Zeichne die Diagonale ein, miss sie ab und berechne, wie lang sie in Wirklichkeit ist!

Wirklichkeit	Bild
l = 36 m	
b = 27 m	
d =	

471 Zeichne den Grundriss des L-förmigen Gebäudes im Maßstab 1 : 400. Berechne zuerst die fehlenden Längen x und y! Wie groß ist die Grundfläche des Hauses?

Wirklichkeit	Bild

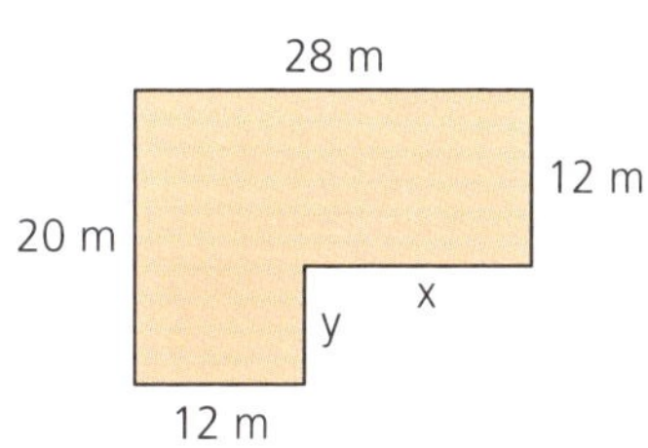

stock.adobe.com/Peter Atkins

472 Sarah und Jessica überprüfen in den Sommerferien eine Woche lang täglich um 15 Uhr die Außentemperatur und notieren folgende Werte:

MO	DI	MI	DO	FR	SA	SO
27 °C	29 °C	32 °C	33 °C	35 °C	22 °C	23 °C

a) Berechne die durchschnittliche Temperatur (den Mittelwert) der ganzen Woche. Runde auf eine ganze Zahl!

b) Wie groß ist die größte Temperaturschwankung zwischen zwei Tagen im Beobachtungszeitraum?

473 Marcos Mutter geht einmal in der Woche laufen.

1. Woche	2. Woche	3. Woche	4. Woche	5. Woche
8 km	6 km	5 km	7 km	9 km

Wie viele Kilometer ist sie durchschnittlich jede Woche gelaufen?

Project Photos

474 In einer Schule mit acht Klassen gibt es folgende Schülerzahlen:

1A	19 Kinder
1B	22 Kinder
2A	18 Kinder
2B	25 Kinder

3A	15 Kinder
3B	25 Kinder
4A	24 Kinder
4B	17 Kinder

Lukas hat den Mittelwert der Zahlen berechnet und erklärt: „In jeder Klasse sind genau 20,625 Kinder."

a) Hat Lukas richtig gerechnet?

b) Erkläre, warum der Mittelwert hier gerundet werden muss, und runde sinnvoll!

475 Der Mittelwert zweier Zahlen ist 10. Eine der Zahlen lautet 8, wie lautet die zweite Zahl?

476 Luca trifft seine Freunde aus der Volksschule. Im vergangenen Jahr sind alle größer geworden. Luca fragt jeden, wie viel cm er im vergangenen Jahr gewachsen ist, und notiert: 4 cm; 5 cm; 7 cm; 3 cm; 6 cm; 5 cm Wie viel cm ist jedes Kind im Mittel gewachsen?

477 Peter notiert die Schuhgröße der Freunde:

37	39	41	38	40	42

Berechne die durchschnittliche Schuhgröße seiner Freunde!

478 Sandra hat beim Weitsprungtraining ihre Sprungweiten notiert:

147 cm	125 cm	152 cm	144 cm	142 cm

a) Wie groß ist ihre durchschnittliche Sprungweite nach den ersten fünf Sprüngen?

b) Wie weit muss Sandra im sechsten Sprung springen, damit sie die durchschnittliche Weite um genau 1 cm erhöht? Vermute zuerst und überprüfe dann deine Vermutung mit einer Rechnung.

c) Wie weit muss Sandra im nächsten Sprung springen, damit sie den Mittelwert von 144 cm erreicht?

479 Melanie, Sophie und Philipp sind Geschwister. Sie haben eine durchschnittliche Größe von 150 cm. Gib drei verschiedene Möglichkeiten an, wie groß die drei Kinder sein können.

(1) Eine der drei Möglichkeiten soll besonders große oder besonders kleine Werte enthalten.

(2) Bei einer Möglichkeit soll kein Kind größer als 150 cm sein.

(3) Wähle beliebig!

480 Am Ende der Sportwoche wurden die Kinder vom Leiter des Sportheimes gefragt, wie ihnen alle angebotenen Sportarten gefallen haben. Die Bewertung reichte von Note 5: „Ich hab's überstanden" bis zu Note 1: „Ich würde am liebsten alle Sportarten zu Hause weitermachen".
Das Säulendiagramm stellt das Ergebnis der Umfrage dar.

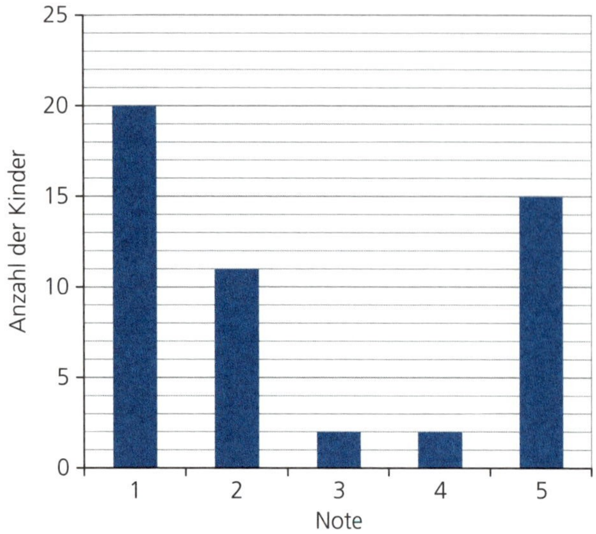

Note	Anzahl der Kinder
1	
2	
3	
4	
5	

a) Lies aus dem Diagramm die Anzahl der Kinder pro Bewertung ab und trage sie in die Tabelle ein.

b) Berechne den Durchschnittswert der Noten.

c) Wie viele Kinder haben die angebotenen Sportarten mit der Note 1 oder 2 bewertet?

d) Der Kursleiter sagt: „Wir sind von den Kindern im Durchschnitt gut bewertet worden, aber trotzdem müssen wir uns etwas überlegen." Begründe, warum er recht hat.

481 Wer hat richtig verstanden, was mit dem Mittelwert gemeint ist?
Korrigiere falsche Aussagen.

	ja	nein
a) Jakob sagt: „Der Mittelwert ist immer eine Zahl, die zwischen der größten und der kleinsten Zahl liegt."	☐	☐
b) Lara meint: „Der Mittelwert kann auch eine Zahl aus der Liste sein."	☐	☐
c) Kai erklärt: „Der Mittelwert kann eine Zahl sein, die kleiner ist als die kleinste Zahl aus der Liste."	☐	☐
d) Anna sagt: „Der Mittelwert ist immer die mittlere Zahl aus der Liste."	☐	☐

482 Gib drei verschiedene natürliche Zahlen größer als Null an, die miteinander den Mittelwert 4 haben.
Wie viele Lösungen gibt es?

483 Der Durchschnitt von diesen fünf Zahlen beträgt 7. Welche Zahl fehlt?

3	4	9	7

a) Wie ändert sich der Mittelwert, wenn zu jeder Zahl 1 addiert wird?

b) Wie ändert sich der Mittelwert, wenn zur ersten Zahl 15 addiert wird?

c) Wie ändert sich der Mittelwert, wenn von der Zahl 9 genau 5 subtrahiert wird?

484 Berechne in jeder Gruppe jeweils die Durchschnittswerte der vier Zahlen einer Zeile.

(1) Zahlen	Durchschnitt	(2) Zahlen	Durchschnitt	(3) Zahlen	Durchschnitt
2, 7, 9, 14		8, 12, 16, 20		7, 15, 18, 24	
3, 7, 9, 13		28, 32, 36, 40		14, 30, 36, 48	
4, 7, 9, 12		80, 120, 160, 200		28, 60, 72, 96	

Welche Zusammenhänge kannst du jeweils in den Gruppen erkennen?

	Zusammenhang
(1)	
(2)	
(3)	

485 Ein Blick genügt! Gib den Mittelwert folgender Daten an:

(1) 15, 15, 15, 15, 15, 15, 15

(2) 18, 19, 20, 21, 22, 23

(3) 3, 6, 9, 12, 15

(4) 2, 2, 2, 2, 6, 6, 6, 6

486 Kevin hat eine Woche lang jeden Tag zu Mittag die Temperatur abgelesen.

Tag	Mo	Di	Mi	Do	Fr	Sa	So
Temperatur	24 °C	28 °C	26 °C	29 °C	32 °C	29 °C	27 °C

a) Ordne die Temperaturangaben der Größe nach und ermittle dann Minimum und Maximum, Spannweite, Modus und Median.

b) Berechne die durchschnittliche Mittagstemperatur für diese Woche.

c) Überprüfe deine Ergebnisse, indem du die Werte auch mit einem Tabellenkalkulationsprogramm (z. B.: Excel) am Computer bestimmst.

487 Gib eine Datenmenge mit drei Werten an, sodass folgende Aussagen zutreffen.

	Wert 1,	Wert 2,	Wert 3
a) Das Minimum ist 9 und das Maximum ist 11.	,	,	
b) Das Minimum ist 6 und die Spannweite ist 8.	,	,	
c) Der Mittelwert beträgt genau 7.	,	,	

488 Sandra hat notiert, wie lang sie jeden Tag der vergangenen Woche für die Mathematik-Schularbeit gelernt hat.

Tag	Mo	Di	Mi	Do	Fr	Sa	So
Lernzeit in Minuten	15	20	30	40	35	0	0

a) Stelle die Lernzeit als Säulendiagramm dar!

b) Ordne die Daten der Lernzeit der Größe nach und gib Minimum, Maximum, Spannweite, Modus und Median der Verteilung an.

c) Berechne die durchschnittliche Lernzeit für die Mathematik-Schularbeit in dieser Woche.

d) Überprüfe deine Ergebnisse mit einem Computer.

489 Erkläre in eigenen Worten, wie die statistischen Kennzahlen ermittelt werden.

Minimum:

Maximum:

Spannweite:

Modalwert:

490 Mona und Bernd wollen einige statistische Kennzahlen für die Größe der österreichischen Bundesländer herausfinden. Gib die Werte der gesuchten statistischen Kennzahlen an.

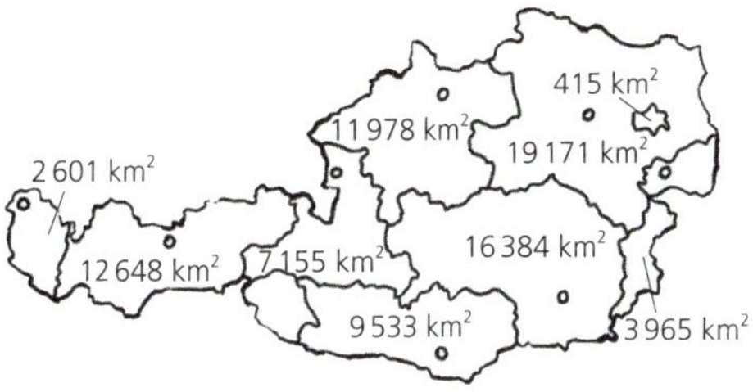

a) Minimum: ______ b) Maximum: ______

491 Vanessa hat in den ersten 10 Wochen des Jahres im Tierheim geholfen.

Kalenderwoche	1	2	3	4	5	6	7	8	9	10
Anzahl der Stunden	4	7	8	4	9	4	9	4	2	9

Sie zeigt die Tabelle ihrer Freundin Melanie. Melanie sagt: „Da kommt ja die Anzahl der Stunden, die du pro Woche geholfen hast, kein einziges Mal vor."

a) Stelle die Daten in einem Säulendiagramm dar!

b) Gib Minimum, Maximum, Spannweite, Modus, Median und Mittelwert der Verteilung an.

c) Vanessa versteht die Aussage von Melanie nicht. Erkläre, was Melanie sagen wollte!

Vanessa fällt ein, dass sie in der Kalenderwoche 9 noch zusätzlich 5 Stunden am Samstag geholfen hat. Sie korrigiert daher in der Kalenderwoche 9 die Zahl „2" durch die korrekte Zahl „7".

d) Wie ändert sich dadurch der Mittelwert?

e) Wie ändert sich dadurch der Zentralwert?

f) Wie ändert sich dadurch der Modalwert?

g) Wie ändert sich dadurch die Spannweite?

h) Überprüfe alle deine Ergebnisse bei diesem Beispiel mit einem Computer.

492 Gib eine Datenmenge mit vier Werten an, sodass folgende Aussagen zutreffen.

a) Der Modalwert ist 26 kg und der Mittelwert ist 30 kg. ___, ___, ___, ___

b) Der Median ist 10 m und der Mittelwert ist 12 m. ___, ___, ___, ___

c) Der Mittelwert beträgt 7 und der Median beträgt 8. ___, ___, ___, ___

493 Würfel oder Quader? Trage die richtige Bezeichnung ein.

a) 

b) 

c) 

d) 

494 Nimm die Zeichnung des Würfels rechts zu Hilfe:

a) Wie viele Kanten gehen von einem Eckpunkt aus?

b) Wie viele Kanten sind jeweils zueinander parallel?

c) Wie viele Flächen sind jeweils zueinander parallel?

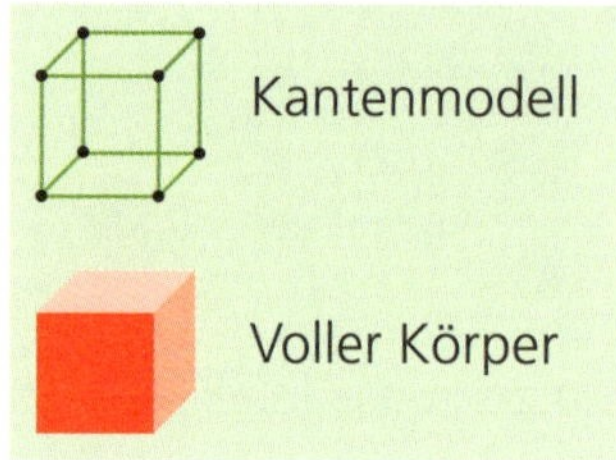

495 Wie viele Würfel benötigst du zum Bauen dieser Körper?

a) 

b) 

c) 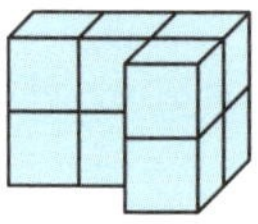

d) 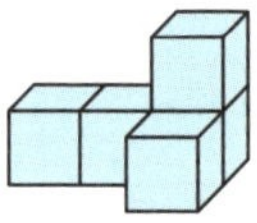

496 Nimm die Zeichnung des Quaders rechts zu Hilfe:

a) Wie viele Kanten gehen von einem Eckpunkt aus?

b) Wie viele Kanten sind jeweils zueinander parallel?

c) Wie viele Flächen sind jeweils zueinander parallel?

d) Wie viele Kanten sind jeweils gleich lang?

e) Wie viele Flächen sind jeweils gleich groß?

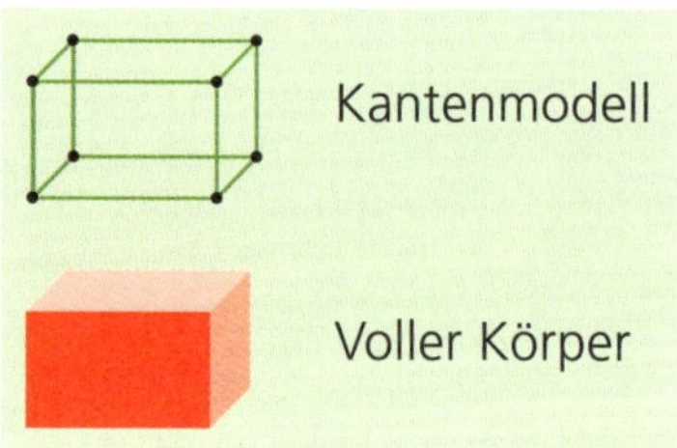

497 Beschrifte mit l, b, h und ziehe die Längen rot, die Breiten blau und die Höhen grün nach.

a) 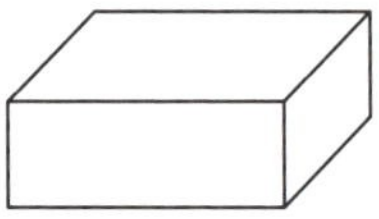

b) 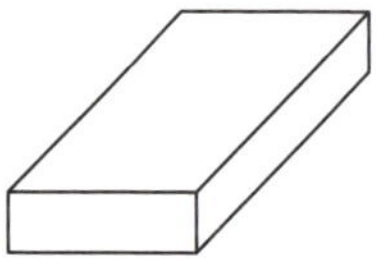

c) 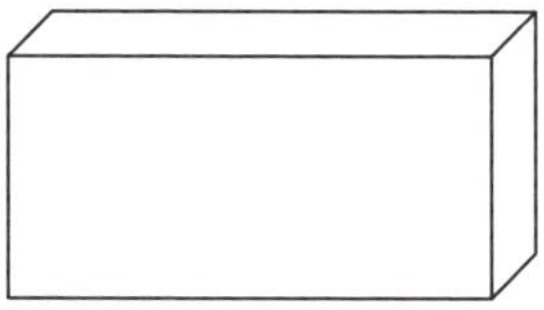

498 Zeichne die Schrägansichten der Quader als volle Körper.

a) b) c) d) e)

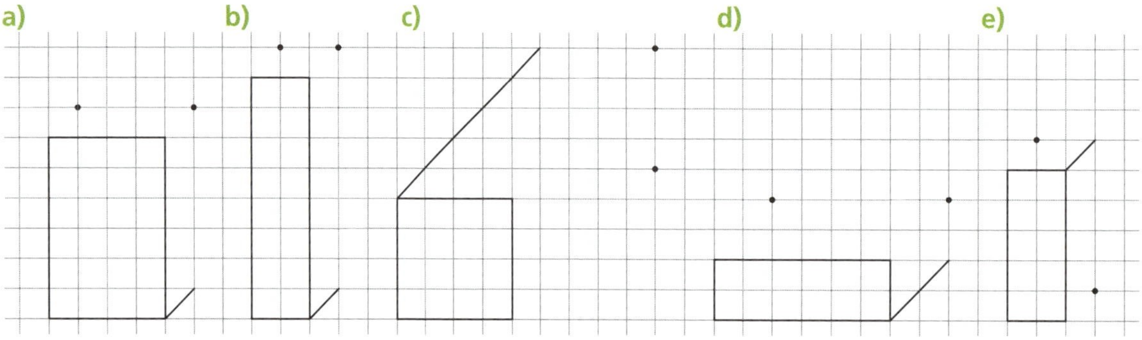

499 Welche der folgenden Gegenstände haben normalerweise nicht die Form eines Quaders?

☐ PKW ☐ Schachtel ☐ Turmdach ☐ Ball ☐ Truhe
☐ Münze ☐ Buch ☐ Saftpackung ☐ Kochtopf ☐ Tischplatte

Kannst du die Formen der nicht-quaderförmigen Gegenstände benennen?

500 Wie viel Draht braucht man, um das Kantenmodell herzustellen?

a) Würfel: a = 7 cm

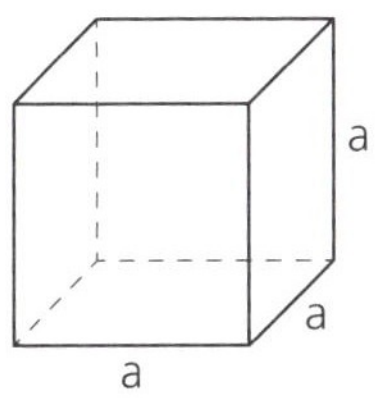

b) Quader: l = 8 cm, b = 3 cm, h = 5 cm

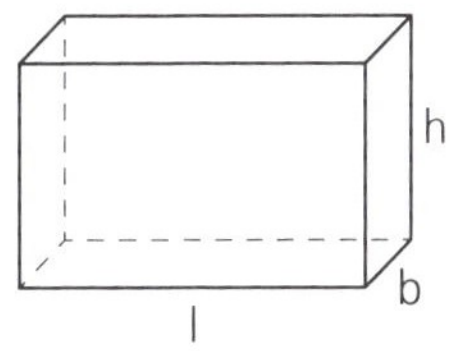

501 Du siehst hier einen zusammengesetzten Körper im Schrägriss.
Skizziere dazu:

die Ansicht von vorne,
die Ansicht von oben und
die Ansicht von links.

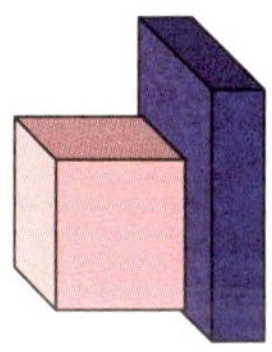

Ansicht:		
von vorne	von oben	von links

502 H2 H1, H2 Vervollständige die Schrägrisse der Quader! Zeichne unsichtbare Kanten strichliert ein. (Bedenke, dass Kanten, die in Wirklichkeit gleich lang und parallel sind, auch in der Zeichnung gleich lang und parallel erscheinen!)

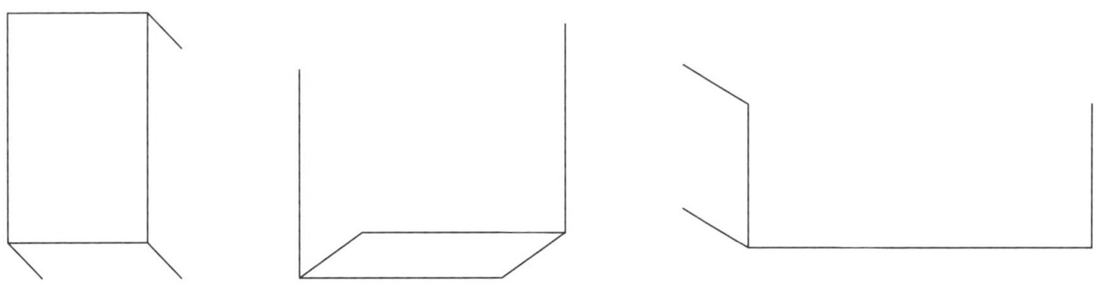

503 Kreuze in jeder Tabelle den richtigen Text an und schreibe ihn in die passende Lücke im Text, so dass insgesamt eine mathematisch richtige Aussage entsteht!

① ______ sind jeweils ② ______ Kanten parallel.

①	
Nur beim Quader	☐
Nur beim Würfel	☐
Beim Quader und beim Würfel	☐

②	
vier	☐
acht	☐
zwölf	☐

504 Zeichne diese Quadernetze fertig. Male gleich große Flächen mit gleicher Farbe an.

a)

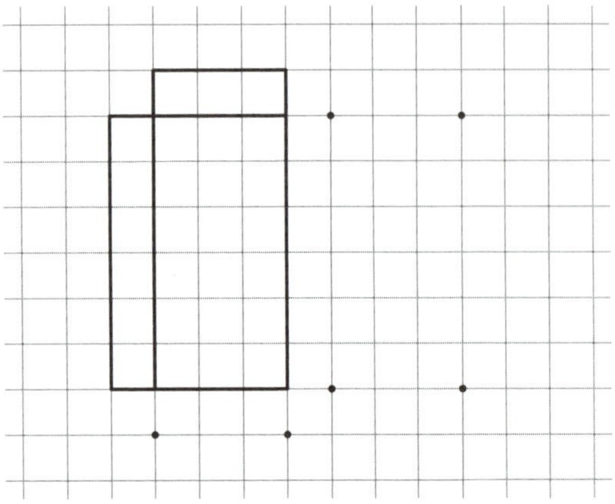

b)

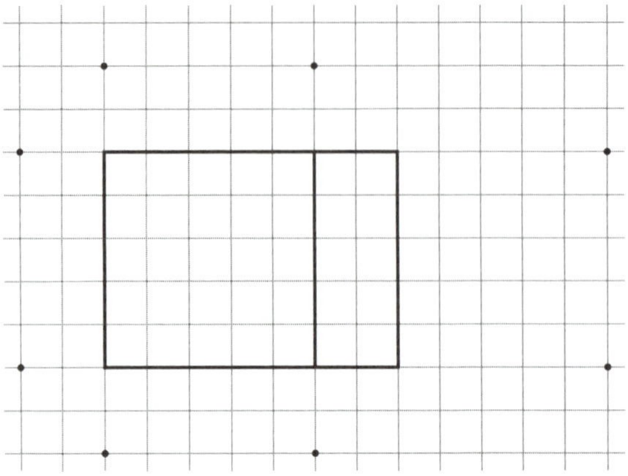

505 Gegeben ist ein Quader: l = 2 cm, h = 3 cm, b = 0,5 cm

a) Zeichne das Netz des Quaders.

b) Berechne die Oberfläche des Quaders.

1 Fläche		2 Flächen
Grundfläche	→ l · b =	
Vorderfläche	→ l · h =	
Seitenfläche	→ b · h =	

Oberfläche =

506 Lukas möchte den Sitzwürfel mit neuem Stoff überziehen. Der Würfel hat eine Kantenlänge von 0,6 m.

a) Wie viel m^2 Stoff benötigt er mindestens?

b) Erkläre, warum die gekaufte Stoffmenge nicht mit deinem Rechenergebnis gleich sein kann.

507 Aus welchen dieser Netze lässt sich kein Quader oder Würfel falten? Kreuze an! Gib die Fehler bei den falsch gezeichneten Netzen an!

☐ 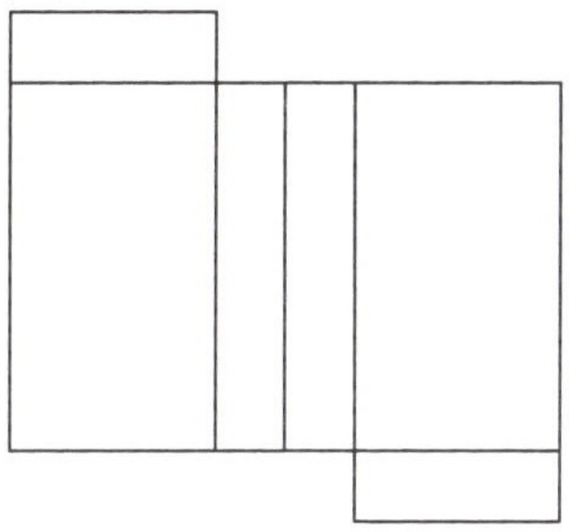 ☐ 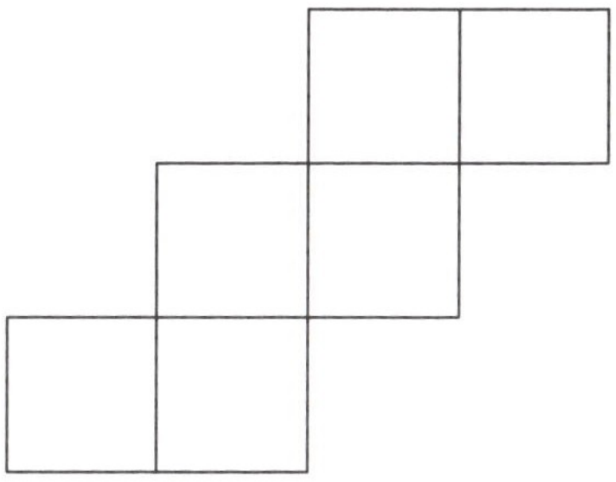 ☐ 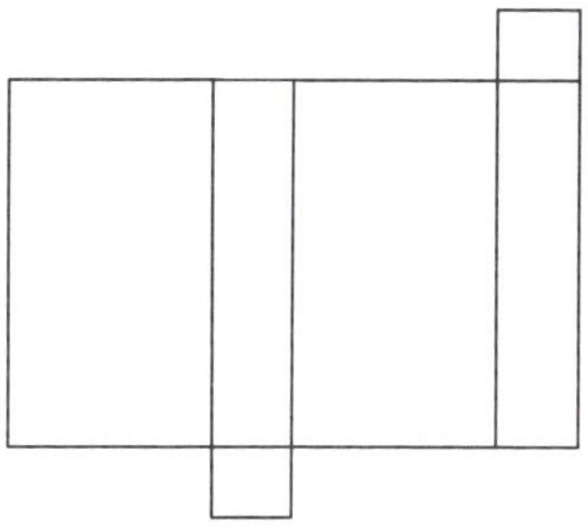

508 Eine Fläche fehlt bei jedem Quader- oder Würfelnetz! Zeichne sie an einer richtigen Stelle dazu! Gibt es mehrere Stellen, wo du sie anfügen kannst?

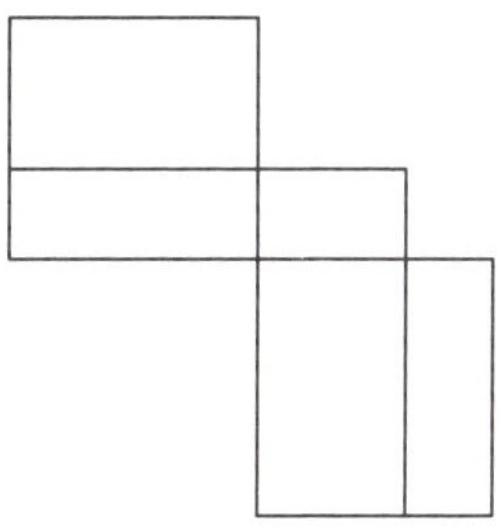 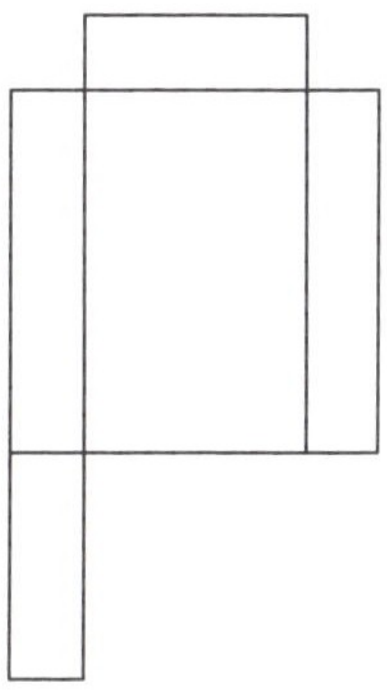 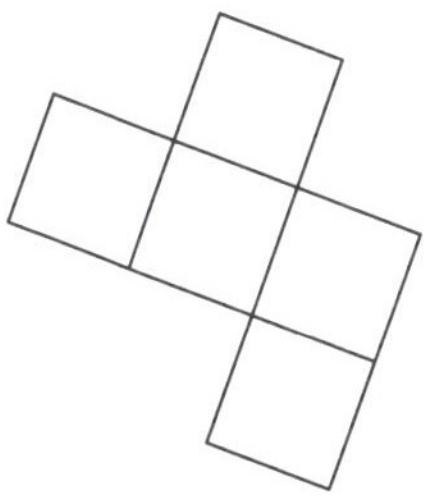

509 Hannes hat auf dem Dachboden die alte Seemannstruhe seines Urgroßonkels gefunden. Nachdem er sie geputzt hat, möchte er sie rundherum mit Klarlack überziehen, damit sie geschützt ist. Die Truhe ist $\frac{1}{2}$ m lang, 25 cm breit und 4 dm hoch.
Im Baumarkt sagt man ihm, dass 1 Liter farbloser Lack für ca. 6 m^2 reicht. Soll Hannes eine Literdose für 18,50 € kaufen? Reicht die Viertelliterdose für 4,80 €? Oder kommt er sogar mit einem Achtelliterfläschchen um 2,50 € aus?

510 Samantha möchte selbst eine Seemannstruhe bauen, so wie Hannes sie hat. Ihre Kiste soll 0,5 m lang, 0,2 m breit und 0,4 m hoch werden. Sie berechnet ihren Holzbedarf:

$O = 2 \cdot 0{,}5 \cdot 0{,}2 + 2 \cdot 0{,}5 \cdot 0{,}4 + 2 \cdot 0{,}2 \cdot 0{,}4 = 0{,}76\ m^2$

„Super, ich habe eine Holzplatte, die 1 m lang und 76 cm breit ist – das geht sich ja genau aus!", meint sie. Glaubst du, dass Samantha ihre Truhe aus dieser Holzplatte bauen kann? Wenn ja, wie soll sie die Holzplatte zersägen? Wenn nein, warum nicht?

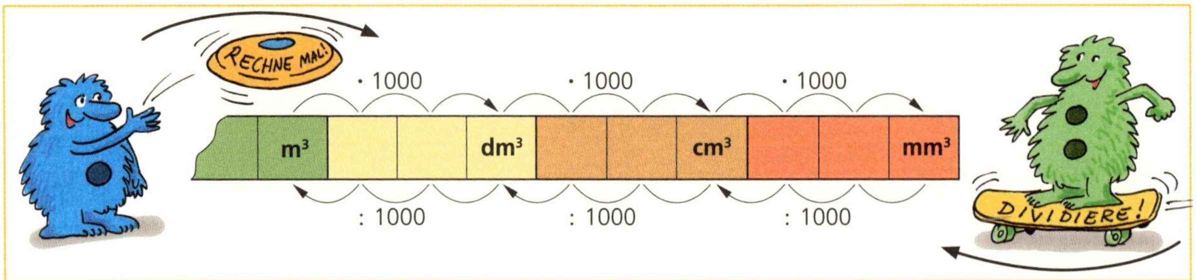

511 Schreib in dm^3 an!

a) 3,5 m^3 = ______ b) 0,8 m^3 = ______ c) 3,55 m^3 = ______

d) 6,81 m^3 = ______ e) 4,2 m^3 = ______ f) 0,091 m^3 = ______

512 Rechne um in cm^3!

a) 1,5 dm^3 = ______ b) 0,3 dm^3 = ______ c) 5 dm^3 = ______

d) 8,8 dm^3 = ______ e) 0,250 dm^3 = ______ f) 6,35 dm^3 = ______

513 Gib in m^3 an!

a) 3 440 dm^3 = ______ b) 800 dm^3 = ______ c) 6 000 dm^3 = ______

d) 8 300 dm^3 = ______ e) 2 500 dm^3 = ______ f) 4 850 dm^3 = ______

514 Schreibe in der nächstkleineren Einheit!

a) 0,85 m^3 = ______ b) 2,5 dm^3 = ______ c) 6,80 cm^3 = ______

d) 9,5 m^3 = ______ e) 0,9 dm^3 = ______ f) 3,3 cm^3 = ______

515 Rechne um in die nächstgrößere Einheit!

a) 1 900 mm^3 = ______ b) 700 cm^3 = ______ c) 4 380 dm^3 = ______

d) 6 030 mm^3 = ______ e) 2 500 cm^3 = ______ f) 190 dm^3 = ______

516 Bei „Multiple-Choice-Aufgaben" stehen für eine Frage mehrere Antworten zur Auswahl. Hier sind jeweils zwei Angaben richtig. Kreuze sie an.

a) 1,5 dm^3 sind:	☐ $1\frac{1}{2}$ dm^3	☐ 0,15 m^3	☐ 150 cm^3	☐ 1 500 cm^3
b) 0,25 dm^3 sind:	☐ 250 dm^3	☐ 2 500 cm^3	☐ 0,250 dm^3	☐ 250 cm^3
c) 500 cm^3 sind:	☐ 0,5 dm^3	☐ $\frac{1}{2}$ dm^3	☐ 0,05 dm^3	☐ 5 dm^3
d) 125 cm^3 sind:	☐ 0,125 dm^3	☐ 12,5 dm^3	☐ 1 250 mm^3	☐ 125 000 mm^3

517 Ordne den Flaschen das passende Hohlmaß zu. Es gibt immer zwei Möglicheiten.

<Keine Daten von Verknüpfung>

☐ 1,5 dm^3 ☐ $\frac{1}{2}$ l ☐ 1 l ☐ 500 ml

☐ 2 l ☐ 1 dm^3 ☐ 2 dm^3 ☐ 1,5 l

☐ 250 ml ☐ $\frac{1}{4}$ l

518 Die Umrechnungszahl für Volumen ist 1 000, daher gehören zu jeder Einheit drei Ziffern.
Die Einheit hinter der Zahl bezieht sich auf die Einerstelle!

Beispiel: 25,1043 m^3 = 025,104300 m^3 (m^3 | dm^3 | cm^3)

= 25104,3 dm^3 = 25104300 cm^3 = 25 m^3 104 dm^3 300 cm^3
(m^3 | dm^3 | cm^3)

	km^3	*	*	m^3	dm^3	cm^3	
5 km^3 36 m^3	005	000	000	036			5 000 000 036 m^3
31 014 cm^3					031	014	31,014 dm^3
23 m^3 7 dm^3							m^3
800,213 dm^3							m^3
0,0643 km^3							m^3
917 000 cm^3							dm^3
3 km^3 47 m^3							km^3

519 Betrachte die Grafik und vervollständige den Satz:
Wenn man die Seiten eines Würfels verzehnfacht, dann

wird das Volumen ______________________ ,

weil ______________________________ .

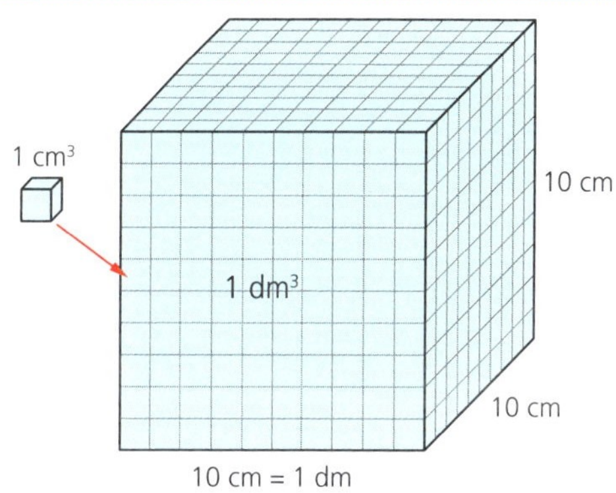

520 Anna klagt: „Das Umrechnen von Volumseinheiten finde ich unheimlich kompliziert! Das merke ich mir nie!"
„Das ist ganz einfach!", erklärt **Tamara**. „Wenn die Einheit größer werden soll, muss die Zahl auch größer werden, und zwar um das Tausendfache."
Karim sagt: „Nein, je größer die Einheit wird, desto kleiner muss die Zahl werden!"
Thomas erklärt: „Um ein Volumen in die nächstgrößere Einheit umzurechnen, verschiebe ich einfach das Komma um drei Stellen nach links."
Susi widerspricht: „Um ein Volumen in die nächstgrößere Einheit umzurechnen, verschiebe ich das Komma um drei Stellen nach rechts."
„Na toll", stöhnt Anna. „Jetzt bin ich noch verwirrter als vorher!"
Kannst du helfen? Wer hat recht?

521 Nicht alle Kinder sagen das Richtige! Bessere die falschen Aussagen aus:
Abdul: „Ein m^3 sind 1000 dm^3."
Theresa: „Ein m^3 besteht aus 1 000 000 cm^3."
Lukas: „10 000 dm^3 sind ein m^3."
Diana: „1 000 000 000 m^3 ergeben einen km^3."

522 **a)** Ein Liter ist 1 dm^3. Wie viele Liter ergeben 1 m^3?
b) Ein Hektoliter (hl) sind 100 Liter. Wie viele hl ergeben 1 m^3? Wie viele m^3 sind 1 hl?

523 Stelle die Anzahl der Würfel pro Kantenlänge fest. Gib an, wie viele Einheitswürfel ( ) zum Bau der großen Körper benötigt werden.

a)

V = 2 · 3 · 3

V =

b)

V =

V =

c)

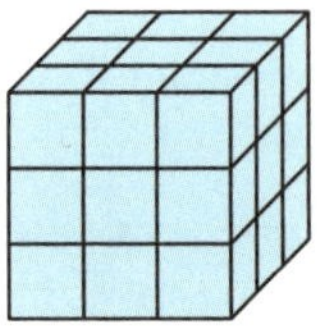

V =

V =

d)

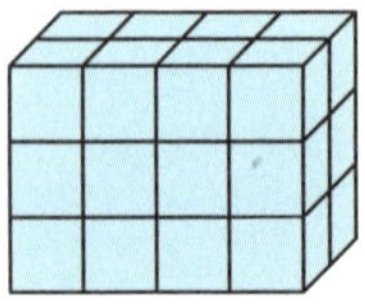

V =

V =

e)

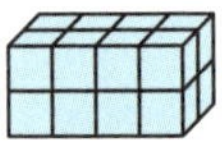

V =

V =

f)

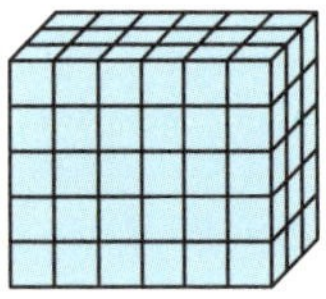

V =

V =

g)

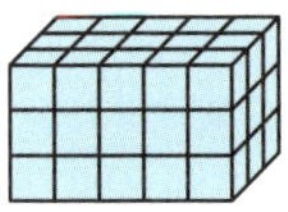

V =

V =

h)

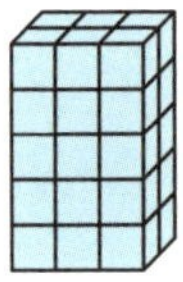

V =

V =

524 Berechne das Volumen der Würfel.

a) s = 4 cm

b) s = 9 cm

525 Berechne das Volumen dieser Quader, rechne das Ergebnis in dm^3 und in Liter um.

a) l = 5 cm, b = 2 cm, h = 10 cm

b) l = 8,5 cm, b = 4 cm, h = 10 cm

✓ **526** **a)** Überprüfe, ob hier die Maße für eine 1-Liter-Packung Milch angegeben sind.

l = 7 cm, b = 7 cm, h = 20,5 cm

b) Erkläre mit eigenen Worten, warum das Ergebnis etwas mehr als ein Liter ist.

527 Stelle das Volumen der Körper fest, indem du die Anzahl der Einheitswürfel feststellst, aus denen sie gebaut sind. (Die Körper haben keine verborgenen Löcher.) *Tipp:* Zerlege die Körper im Kopf in quaderförmige Teile!

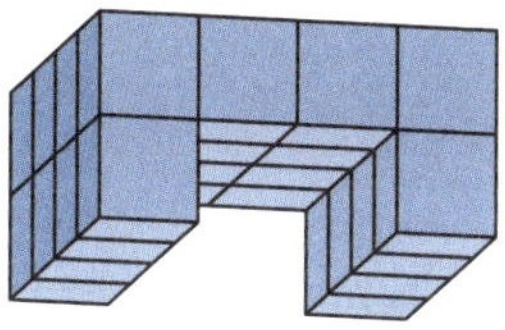

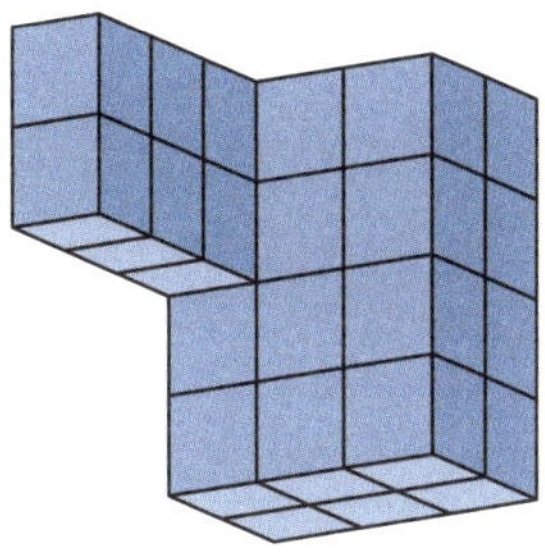

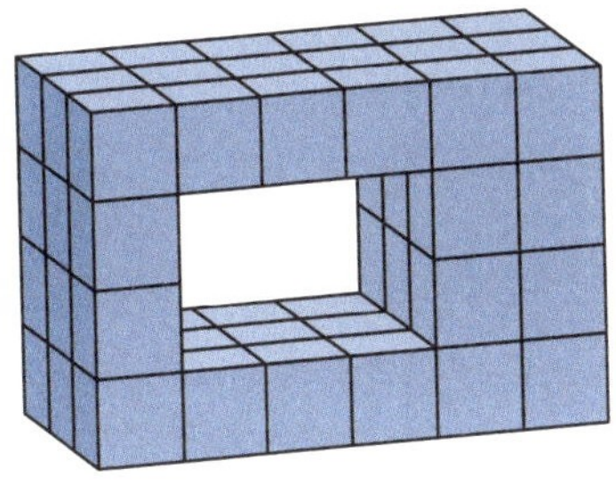

528 Im Garten von Familie Kramer gibt es einen Swimmingpool, der 4 m lang, 2 m breit und 1,50 m tief ist. Wie viel Wasser passt hinein?
Papa Kramer schlägt vor, den Pool doppelt so lang, doppelt so breit und doppelt so tief zu machen.
„Oh, cool!", ruft Laura. „Dann können wir richtig tauchen!"
„Und dann passt doppelt so viel Wasser rein!", meint Clemens. Hat er recht? Wie viel Wasser wird in den vergrößerten Pool passen?

529 Kreuze in jeder Tabelle das richtige Wort an und schreibe es in die passende Lücke im Text, so dass insgesamt eine mathematisch richtige Aussage entsteht!
Wenn man alle drei Kantenlängen eines Quaders ① ______, dann ② ______ sich das Volumen.

①	
verdoppelt	☐
vervierfacht	☐
verachtfacht	☐

②	
verdoppelt	☐
vervierfacht	☐
verachtfacht	☐

530 Der L-förmige Wassergraben ist überall 1 m tief. Wie viel Wasser passt hinein? Man kann das Volumen auf verschiedene Arten berechnen. Wie geht es am leichtesten?
(*Tipp:* Denk dir den Graben in Quader unterteilt und berechne deren Volumen einzeln!)

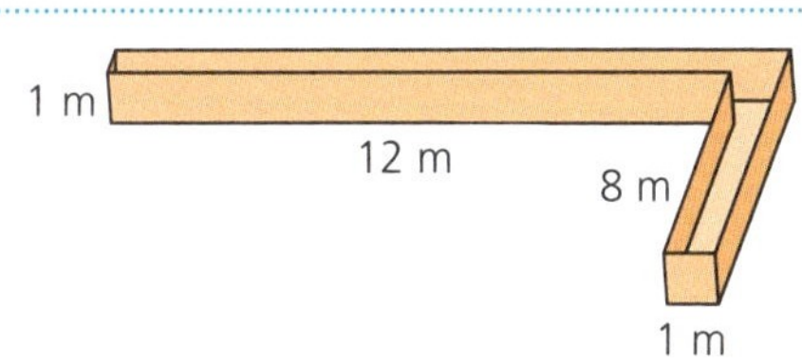

531 Welches Volumen haben die Kuschelkartons von den Katzen Minka und Morzi?
Die Maße sind in cm angegeben. Rechne das Volumen in dm^3 um.

a) Morzi: $40 \times 30 \times 25$

b) Minka: $45 \times 30 \times 20$

VERITAS-VERLAG, Linz/Gabriela Langthaler

532 In welche Quader kannst du mindestens zehn Liter Wasser einfüllen? Das ist ungefähr die Wassermenge eines Kübels. Schätze zuerst.

VERITAS-VERLAG, Linz/Ilse Persy

a)

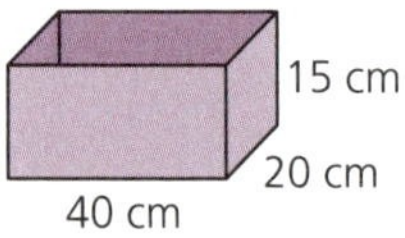

b)

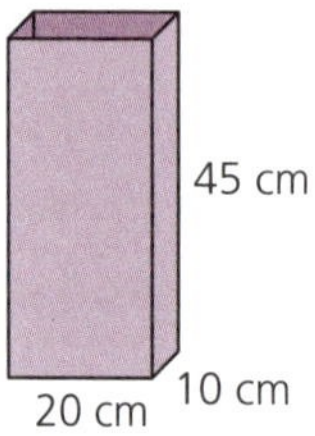

533 Das Klassenzimmer ist 8,5 m lang und 6 m breit sowie 3 m hoch.

a) Wie groß ist das Volumen?

b) Wie viel m^3 Luft hat jedes Kind zur Verfügung, wenn 25 Kinder in der Klasse sind? Runde das Ergebnis auf eine natürliche Zahl.

c) Pro Person sollen mindestens 6 m^3 Luftraum zur Verfügung stehen. Ist dieses Klassenzimmer für 25 Kinder groß genug?

534 Welcher Umzugskarton hat das größte Volumen?
Karton 1: l = 80 cm, b = 40 cm, h = 40 cm
Karton 2: l = 70 cm, b = 50 cm, h = 35 cm
Karton 3: l = b = h = 50 cm
Karton 4: l = 100 cm, b = 30 cm, h = 25 cm

535 Lissys Aquarium ist 0,6 m lang, $\frac{1}{2}$ m breit und 40 cm hoch.

a) Wie viele Liter Wasser passen hinein? (1 l = 1 dm^3)

b) Das Aquarium war voll. Wegen des heißen Wetters ist schon etwas Wasser verdunstet. Jetzt steht es nur noch 37 cm hoch. Lissy füllt das Aquarium wieder auf. Sie benutzt dazu eine Kanne, die 1,5 l fasst. Wie oft muss sie die Kanne füllen?

536 Anna hat eine quaderförmige Saftpackung, deren Grundfläche 8 × 8 cm und deren Höhe 15 cm beträgt. David hat 8 Trinkpäckchen (3 × 6 cm Grundfläche, 7 cm hoch). Wer von beiden hat mehr Saft?

537 Adriana sammelt alles Mögliche: Knöpfe, Briefmarken, Steine, Federn, Glasperlen und so weiter.
Sie bewahrt ihre Schätze in Schuhschachteln auf, die alle 45 × 20 × 15 cm groß sind. Davon besitzt sie 24 Stück.

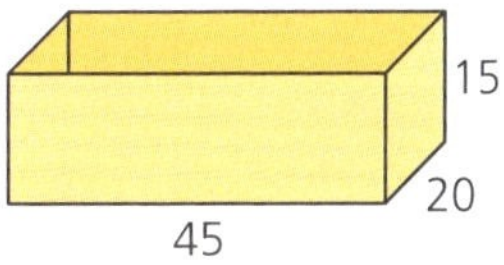

Sie hat einen Schrank mit 60 cm Länge und Breite, der 90 cm hoch ist. „Es müsste sich genau ausgehen, alle meine Schachteln unterzubringen!“, rechnet sie sich aus.
Geht sich das wirklich aus? Wie könnte sie die Schachteln stapeln?

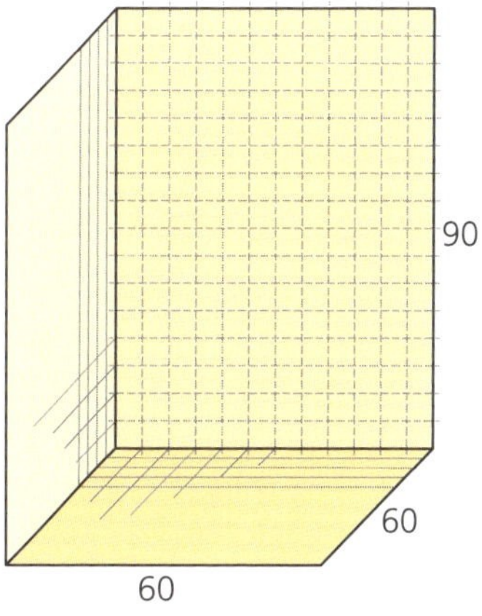

Lösungen

1. a) 

b) 

c) 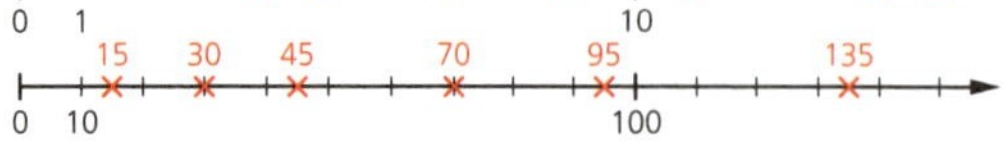

2. a) 5, 20, 40, 65, 110 b) 30, 45, 80, 115, 130 c) 15, 60, 85, 120, 150
d) 50, 300, 750, 900, 1 200 e) 150, 500, 800, 1 250, 1 400 f) 200, 450, 600, 1 100, 1 450

3. 

4. a) 60, 140 b) 20, 160 c) 50, 175

5. a) 

b) 

c) 

6. a) 140, 280 b) 320, 460 c) 3 500, 4 250

7. a) 

b) 

c) 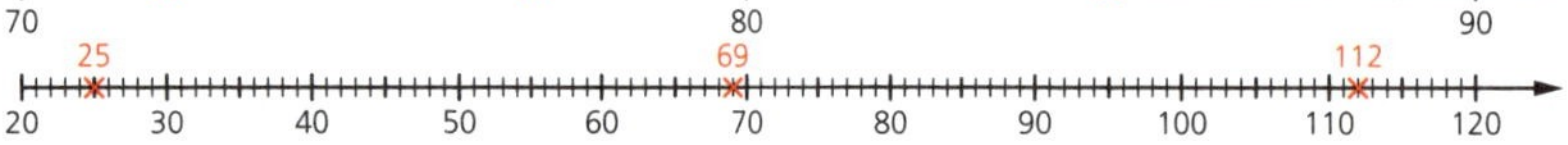

8. 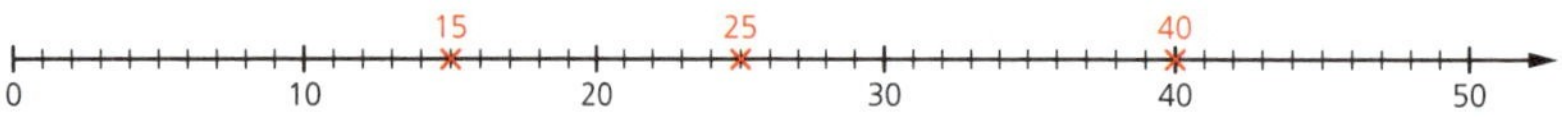

9. a) < b) > c) > d) > e) < f) < g) > h) >

10. a) 1 100 < 1 110 < 1 200 < 1 210 < 2 110 < 2 120 < 2 200 < 2 220, ANTILOPE
b) 4 000 < 4 040 < 4 080 < 4 800 < 8 004 < 8 400 < 8 480 < 8 800, NILPFERD

11. a) 60, 62; 48, 50; 500, 502 b) 1 799, 1 801; 298, 300; 469, 471 c) 1 999, 2 001; 998, 1 000; 1 229, 1 231

12. 158 < 185 < 518 < 581 < 815 < 851

13. a) 10 b) 999 c) 99 d) 1 000

14. Ziffern: Telefonnummer, PIN-Code Zahl: Buchseiten, Kinder der 1a, Geburtsjahr, Spindnummer

15. a) < b) = c) = d) <

16. a) 8 < 62 < 69 < 72 b) 389 < 499 < 721 < 900 c) 202 < 220 < 222 d) 5 055 < 5 505 < 5 550

17. a) Pünktchen b) Goldstar 18. a) Timo b) Mirko 19. a) T<H<E<M<A b) W<I<N<D

20. a) < b) > c) < d) > e) < f) >

21. a)

T	H	Z	E
1	2	8	5
	6	3	0
7	8	0	3

b)

T	H	Z	E
	7	0	0
2	5	0	0
3	0	8	0

22. a) 8 621 b) 1 020 c) 739 d) 5 400 e) 6 103 f) 25

23. a) 1 115 = 1T 1H 1Z 5E b) 1 220 = 1T 2H 2Z c) 2 046 = 2T 4Z 6E

24. a) 5H 1E b) 1T 5Z c) 5H 1Z d) 5T 1H

25. a) 4 385 000 b) 207 000 c) 8 300 000 d) 62 000 e) 70 300

26. a) 2 400 b) 14 205 c) 65 000 d) 580 000

27. a) 8 Mio. b) 27 Mio. c) 5 Mio. d) 16 Mio.

28. a) 3 b) 5 c) 7 d) 7

29. a) Lenas Idee ist kreativ, aber es gibt die Vereinbarung, für tausend Tausender „eine Million" zu verwenden. Es ist sinnvoll, die Fachsprache korrekt zu verwenden, um verstanden zu werden.

30. a) 500 012 b) 60 000 000 c) 340 000 000 d) 8 000 000 000

31.

	Zahl	Billionen	Milliarden			Millionen			Tausender			Einer		
		B	HMd	ZMd	Md	HM	ZM	M	HT	ZT	T	H	Z	E
a)	5 687 945							5	6	8	7	9	4	5
b)	27 400 070 530			2	7	4	0	0	0	7	0	5	3	0
c)	2 003 404 560 789	2	0	0	3	4	0	4	5	6	0	7	8	9
d)	9 888 777 666 555	9	8	8	8	7	7	7	6	6	6	5	5	5
e)	8 070 600 005 432	8	0	7	0	6	0	0	0	0	5	4	3	2
f)	6 Md 4 ZM 6 HT 3 E				6	0	4	0	6	0	0	0	0	3
g)	4 B 9 Md 7 ZT 2 T	4	0	0	9	0	0	0	0	7	2	0	0	0
h)	1 B 6 HMd 9 ZM 8 Z	1	6	0	0	0	9	0	0	0	0	0	8	0

32. a) ~ 3 800 Tage b) Da die Monate unterschiedlich viele Tage haben.

33. a) 40, 90, 50 b) 280, 340, 680 c) 4 080, 6 460, 2 180

34. a) 500, 100, 700 b) 2 500, 3 500, 4 300 c) 600, 300, 600

35. a) 6 000, 3 000, 3 000 b) 4 000, 2 000, 7 000 c) 2 000, 3 000, 4 000

36. a) 400, 300 b) 5 000, 2 000 c) 20 000, 20 000
37. a) 230 km b) 60 km c) 320 km d) 460 km e) 160 km
38. a) 800 km b) 500 km c) 800 km d) 900 km e) 400 km
39. Runden ist nicht sinnvoll bei: RJ 564; 11. Reihe; Sitz 28 und 29; 2 T-Shirts; H 153 674 893
40. Zu unterstreichen sind: Telefonnummer, Autokennzeichen und Geburtsdatum
41. Fredi soll einen Zahlenstrahl zeichnen und die Werte 6 000, 6 399 und 7 000 eintragen. 6 399 liegt näher bei 6 000 als bei 7 000.
42. Gerundete Zahlen sollen nicht nochmals gerundet werden: Die Ausgangszahl liegt näher bei 2 000 als bei 3 000. Deshalb ist 2 467 ~ 2 000 und nicht wie Nina meint 3 000.
43. Der Rundungsfehler ist 50, man könnte genauso gut abrunden, es gibt aber die Vereinbarung bei gleichem Rundungsfehler nach unten und oben aufzurunden, also sollte man es genau so tun.
44. a) zwischen 35 kg und 44 kg b) zwischen 250 € und 349 € c) zwischen 155 km und 164 km
45. a) 70, 20, 40 b) 300, 400, 800 c) 3 000, 7 000, 6 000
46. Nicht runden, da es hier um einzelne Ziffern geht: Telefonnummer, Kundennummer, Geburtsjahr
Runden: Einwohner v. Österreich: 9 000 000, Laptop 700 €, Saurier 70 000 kg, Großglockner: 3 800 m, Erde – Mond 400 000 km, Ländermatch 18 000 Karten
47. a) 5 400 b) 24 000 c) 4 750 d) 74 000
48. a) 3 000 b) 10 000 c) 5 000 d) 100 000
49. a) 6 000 b) 10 000 c) 60 000 d) 7 000
50. a) 5 000 b) 1 000 c) 10 000 d) 30 000
51. a + b) 1. Mount Everest (~ 8 800 m); 2. Aconcagua (~ 7 000); 3. Denali (~ 6 200 m); 4. Kibo (~ 5 900 m); 5. Elbrus (~ 5 600 m); 6. Mount Vinson (~ 4 900 m); 7. Mount Kosciuszko (~ 2 200 m)
c) Asien
52. a) Einwohnerzahlen können sich täglich ändern (Geburten, Todesfälle, Zuwanderung, Abwanderung)
b + c) Niederlande: ~ 42 000 km^2; ~ 17 000 000 EW; Österreich: ~ 84 000 km^2; ~ 8 800 000 EW; Schweden: ~ 450 000 km^2; ~ 9 900 000 EW; Schweiz: ~ 41 000 km^2; ~ 8 500 000 EW; Tschechien: ~ 79 000 km^2; ~ 10 600 000 EW

53.

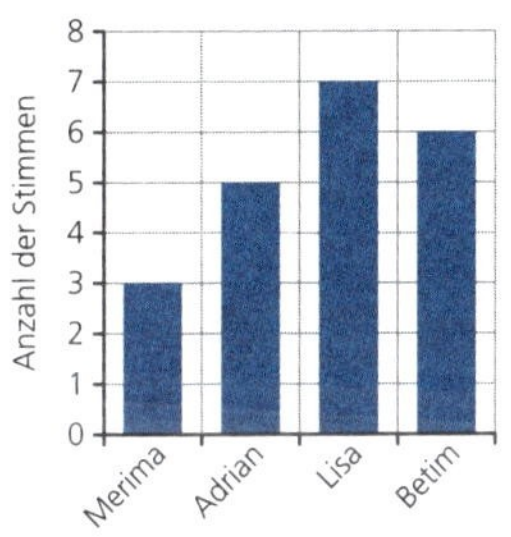

54. a) Wild Beans b) Black Night und Pepper Moon c) Subway
d) Stimmen: Wild Beans 35, Black Night 30, Hot Chili 22, Pepper Moon 30, Subway 19

55.

Monat	a) Personen	b) Bilddiagramm
Dezember	500	✿✿✿✿✿
Jänner	600	✿✿✿✿✿✿
Februar	700	✿✿✿✿✿✿✿
März	700	✿✿✿✿✿✿✿
April	300	✿✿✿

56. a) ja,18; nein; nein; nein; ja,7 b) Säulendiagramm (bessere Übersicht)
Bilddiagramm (= Piktogramm; bessere Vorstellbarkeit, was dargestellt wird)
57. Das Diagramm zeigt an, zu welcher Jahreszeit jeweils wie viele SchülerInnen der 1B Geburtstag haben.
Im Frühling haben 6 Kinder der Klasse Geburtstag, im Sommer 4, im Herbst 3 und im Winter 5.
58. a) Mädchen orange, Buben grün b) 4a – 13 Mädchen, 3a – 14 Buben
c)

	Buben	Mädchen
1A	8	10
1B	13	12
2A	13	11
2B	10	9

	Buben	Mädchen
3A	14	10
3B	12	12
4A	11	13
4B	10	9

59. a) Sinnvoll: Marco; ein Liniendiagramm stellt einen zeitlichen Verlauf gut dar!
Pia sollte die Torschützen der WM besser mit einem Säulendiagramm darstellen.
b) die Torschützenliste der WM c) Donnerstag am höchsten, Dienstag am niedrigsten
d) 3 Torschützen

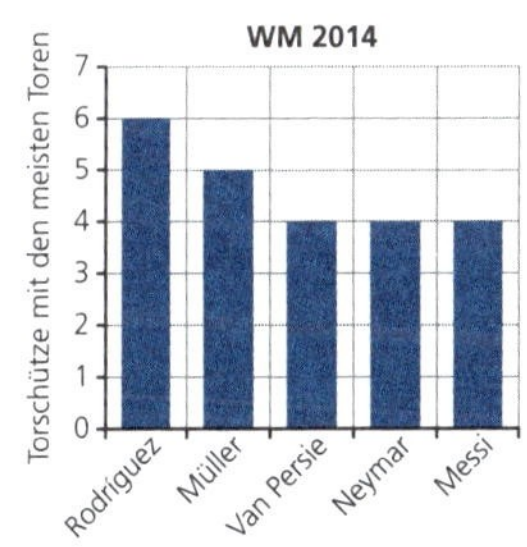

60. a)

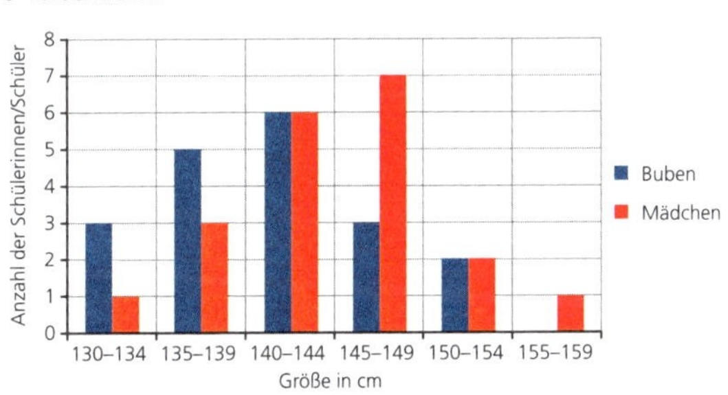

b) Beim Diagramm des Schularztes sieht man besser, wie viele Kinder zu den Größenbereichen gehören.
c) Beim Diagramm von Luca kann man die Anzahl der Mädchen mit der Anzahl der Buben besser vergleichen.

61. 6 Möglichkeiten: A+G; A+M; B+G; B+M; C+G; C+M
62. a) 1. Team: ABCD; 2. ABCE; 3. ABDE; 4. ACDE und 5. BCDE b) Bei jedem Viererteam bleibt einer übrig. Jeder der fünf kann einmal übrig bleiben, also gibt es fünf Möglichkeiten der Teamzusammensetzung.
63. 1. ABC; 2. ACB; 3. BAC; 4. BCA; 5. CAB und 6. CBA
64. 15 Möglichkeiten: 1. ABCD; 2. ABCE; 3. ABCF; 4. ABDE; 5. ABDF; 6. ABEF; 7. ACDE; 8. ACDF; 9. ACEF; 10. ADEF; 11. BCDE; 12. BCDF; 13. BCEF; 14. BDEF; 15: CDEF
65. 24 Möglichkeiten: 1. MNOP; 2. MNPO; 3. MONP; 4. MOPNB; 5. MPNO; 6. MPON; 7. NMOP; 8. NMPO; 9. NOMP; 10. NOPM; 11. NPMO; 12. NPOM; 13. OMNP; 14. OMPN; 15: ONMP; 16. ONPM; 17. OPMN; 18. OPNM; 19. PMNO; 20. PMON; 21. PNMO; 22. PNOM; 23. POMN; 24. PONM
66. 12 Möglichkeiten: 1. ABCDE; 2. ABDEC; 3. ADEBC; 4. ACBDE; 5. ACDEB; 6. ADECB; 7. ABCED; 8. ABEDC; 9. AEDBC; 10. ACBED; 11. ACEDB; 12. AEDCB

67. BB; BR; BW; RW; WW

68. Das Buch kostete 12 €. Der Kalender kostete 2 €.

69. 2 + 10 + 5 = 17; 25 – 17 = 8;
10 + 8 = 18
18 Kinder wollen auf Skikurs fahren.

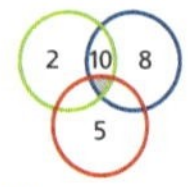

70. a) Dienstag: 8 Grad b) Montag: 1 Grad

71. a) 25; 21 und 39 b) Die „Startzahl" berechnet man, indem man vom „Ergebnis" die Null an der Einerstelle der Zahl streicht und zur so entstandenen neuen Zahl 2 addiert.

72. Sieben Kinder kreuzten weder Hund noch Katze an. (weil: 5 + (11 – 5) + (12 – 5) = 18; 25 – 18 = 7).

73. a) 9 l: dreimal mit dem 3l-Gefäß schöpfen;
b) 1 l: Das 7 l-Gefäß füllen, und dann daraus zweimal das 3 l Gefäß füllen, dann bleibt im 7l-Gefäß 1 Liter übrig.
c) 5 l: z. B.: Man gibt zuerst einen Liter in den Kübel (siehe b), füllt dann nochmals das 7l-Gefäß und schüttet 3l in das 3l-Gefäß. Dann schüttet man den einen Liter aus dem Kübel ins 7l-Gefäß dazu.

74. a) 43 b) 84 c) 41 d) 31 e) 54 f) 33 g) 63 h) 52

75. a) 47 b) 61 c) 49 d) 68 e) 63 f) 52

76. a)
80
32 | 48
12 | 20 | 28
4 | 8 | 12 | 16

b)
144
60 | 84
24 | 36 | 48
9 | 15 | 21 | 27

77. a) 362 b) 698 c) 3 548 d) 9 382

78. a) 5 022 b) 798

79. a) 1 000 b) 1 111 c) 888 d) 2 220

80. a) Lena 65 b) Lukas 73 c) Kai 170

81. a) 6 + 17 = 23 b) 40 + 70 = 110 c) 50 + 175 = 225

82. a)

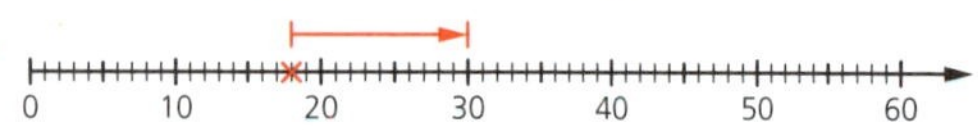

b)

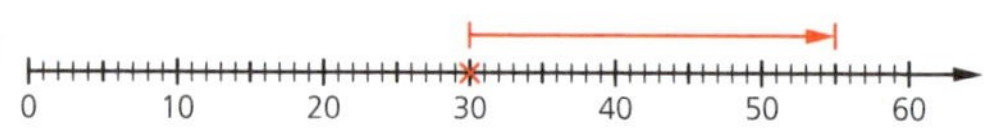

83. a) jeweils 5 addiert; nächste Zahl: 20 b) jeweils 6 addiert; nächste Zahl: 31 c) +10, +20 … ; nächste Zahl: 100

84. Rechengesetze nutzen und mit Zahlen beginnen, die einander auf einen vollen Zehner ergänzen.
a) 65 + 35 + 37 = 100 + 37 = 137 b) (46 + 14) + (32 + 18) = 60 + 30 = 110 c) (21 + 49) + 36 + 27 = 133

85. a) Die Summe erhöht sich um 5. b) Die Summe wird um 3 kleiner. c) Die Summe erhöht sich um 10.
d) Die Summe erhöht sich um den Wert der Zahl e, also verdoppelt sie sich.

86. a) 5 200 b) 69 306

87. a) 440 b) 790 c) 765 d) 870

88. a) 26 b) 36 c) 46 d) 118 e) 24 f) 17

89. a) 46 b) 45 c) 26 d) 37 e) 18 f) 28

90. a) 60 b) 22 c) 9 d) 30 e) 15 f) 12

91. a) 431 b) 615 c) 2 017 d) 219

92. a) 348 b) 1 637

93. a) 16 b) 10

94. a) 180 b) 158 c) 123 d) 95

95. a) 54 321 b) 7 777 c) 1 234 d) 6 666

96. a) 17 – 13 = 4 b) 120 – 90 = 30 c) 250 – 175 = 75

97. a) w – x = v b) t – y = p c) s – z = r

98. a) 61 b) 93 c) 40 d) 30

99. a)
84
90 | 6
149 | 59 | 53
297 | 148 | 89 | 36

b)
12
30 | 18
71 | 41 | 23
163 | 92 | 51 | 28

100. a) 206 b) 739 c) 184

101. –

102. Albert und Bernd rudern gemeinsam; Bernd rudert allein zurück, Chris rudert allein, Albert rudert zurück und holt Bernd ab um gemeinsam wieder über den Fluss zu rudern.

103.

	2	4	5	10	8	3	6	9	7
5	10	20	25	50	40	15	30	45	35
6	12	24	30	60	48	18	36	54	42
7	14	28	35	70	56	21	42	63	49
8	16	32	40	80	64	24	48	72	56
9	18	36	45	90	72	27	54	81	63

104. a) 240 b) 4 504 c) 582 d) 896

105. a) 136 b) 0 c) 0 d) 0 e) 0 f) 77

106. a) 1 748 b) 4 060 c) 910

107. a) 250 b) 4 800 c) 9 000 d) 630 e) 13 000 f) 17 000

108. a) 420 b) 1 600 c) 300 d) 150

109. a) 3 010 b) 20 000 c) 7 680

110. a) $4 \cdot 3 = 12$ b) $15 \cdot 3 + 6 \cdot 2 = 57$ c) $9 \cdot 3 + 7 \cdot 3 = 48$

111. a) 84 b) 210 c) 120 d) 160

112. Die Fläche eines Rechtecks lässt sich mit einer Multiplikation berechnen, also können auch Multiplikationen mit Rechtecksflächen dargestellt werden. a) $5 \cdot 7 = 35$ b) $8 \cdot 5 = 40$ c) $6 \cdot 12 = 72$ d) $10 \cdot 10 = 100$

113. Die Anzahl der Würfel, die man benötigt, um einen Quader darzustellen, lässt sich mit einer Multiplikation von drei Faktoren berechnen. Die unterste Würfelschicht deckt ein Rechteck ab ($a \cdot b$), der dritte Faktor steht für die Anzahl der Schichten. Die Darstellung benötigt mehr Platz, man kann aber das Ergebnis leichter überprüfen.
a) $3 \cdot 4 \cdot 2 = 24$ b) $5 \cdot 2 \cdot 2 = 20$ c) $8 \cdot 3 \cdot 3 = 72$

114. Rechtecke zeichnen (große Zahl als waagrechte Länge)
115. z.B.: $4031 \cdot 2 = 8062$; $3981 \cdot 2 = 7962$
116. a) Es wurden 54 € eingenommen. b) Insgesamt werden 220 € eingesammelt.
117. a) $16 \cdot 10 = 160$ b) $10 \cdot 44 = 440$ c) $100 \cdot 7 = 700$ d) $100 \cdot 5 = 500$ e) $1000 \cdot 3 = 3000$ f) $100 \cdot 9 = 900$
118. a) 34 b) 60 c) 33 d) 80 e) 70 f) 50
119. $40 \cdot 60 = 30 \cdot 80$; $30 \cdot 4 = 60 \cdot 2$; $10 \cdot 20 = 40 \cdot 5$; $15 \cdot 100 = 500 \cdot 3$; $25 \cdot 4 = 50 \cdot 2$; $200 \cdot 5 = 500 \cdot 2$
120. In der Multiplikation kommt der Faktor Null vor, daher ist auch das Produkt sicher gleich null!
121. a) 370 b) 700 c) 140 d) 2700
122. a) 270 b) 120 c) 210 d) 81
123. a) 119 b) 147 c) 48 d) 40
124. a) Ü: $80 \cdot 40 = 3200$; 3071 b) Ü: $20 \cdot 20 = 400$; 408 c) Ü: $700 \cdot 40 = 28000$; 29830 d) Ü: $200 \cdot 80 = 16000$; 17710
125. Korrekt ist Beispiel c)!
126. a) 6408 (Einservorteil) b) 6480 (Nullenvorteil) c) 79910 (Nullenvorteil) d) 30240 (Nullen- und Einservorteil)
127. a) 20 b) 30 c) 25 d) 400
128. a) 20 b) 40 c) 50 d) 30 e) 150 f) 250
129. a) 9 b) 6 c) 9 d) 7 e) 7 f) 8
130. a) 14 b) 8 c) 9 d) 10
131. a) 75 b) 194 c) 258
132. a) 345 b) 777 c) 909
133. a) 3500 b) 6000
134. a) 80 b) 2 c) 7
135. a) 40 b) 800 c) 6
136. a) Teilen: Jedes Kind bekommt 5 Beeren. b) Messen: Es können 5 Packungen gefüllt werden. c) Teilen: Jede Person hat 7 € zu bezahlen.
137. Dividend und Divisor mit derselben Zahl multiplizieren oder beide durch dieselbe Zahl dividieren.
a) z.B.: 120 : 10 = ; 360 : 30 = b) z.B.: 70 : 14 = ; 105 : 21 = c) z.B.: 40 : 10 = ; 240 : 60 =
138. Die Klammern nehmen Einfluss auf die Rechenreihenfolge (Klammern werden zuerst gerechnet).
a) 9; 1 b) 15; 60 c) 90; 10
139. a) 0 c) 0 d) 1 Die Rechnungen b), e) und f) sind durchzustreichen, weil sie nicht ausführbar sind.
140. a) 7 b) 800 c) 590000 d) 89
141. Anzukreuzen sind die Antworten a), c) und d).
142. a) 1 b) – c) 1 d) 265 e) 0 f) –
143. $140 : 7 = 180 : 9 = 20$; $240 : 4 = 180 : 3 = 60$; $39 : 3 = 26 : 2 = 13$; $100 : 2 = 450 : 9 = 50$; $160 : 80 = 24 : 12 = 2$; $200 : 5 = 800 : 20 = 40$
144. a) 27 b) 35 c) 45
145. Wie viele Runden sind das? 105 Runden
146. Wie viele Tage benötigt sie? 7 Tage
147. Wie viele Sitzplätze sind in einer Reihe? 25 Plätze pro Reihe
148. Wie viele Stockwerke hat das Parkhaus? 3 Stockwerke
149. a) 24; 3 R b) 27; 4 R c) 441; 2 R d) 833; 1 R
150. Ein Rechteck mit $8 \cdot 14\ cm^2$ zeichnen und noch $7\ cm^2$ einzeln dazu.
151. a) 183 b) 25 c) 180
152. a) Uwe hat um 140 € mehr gespart. Er hat das Dreifache. b) Der Großvater ist um 55 Jahre älter, er ist sechsmal so alt. c) Der Schulweg von Lukas ist um 450 m länger, er ist viermal so lang.
153. Jeder Sohn erbt 12100 €.
154. a) 34; die Subtrahenden kann man der Reihe nach abziehen.
b) 34; die Subtrahenden werden zuerst in der Klammer zusammengefasst und dann abgezogen.
c) 62; durch die Subtraktion in der Klammer wird die abzuziehende Zahl kleiner, das Ergebnis ist daher größer.
155. a) (1) $9 + 29 + 8 = 46$, Leo bezahlt 46 €.
(2) $35 - 25 = 10$, Lena hat noch 10 €.
(3) $9 + 8 + 14 = 31$, Merima hat um 1 € zu wenig.
b) $8 + 14 = 22$; $8 + 9 = 17$; $8 + 11 = 19$; $9 + 11 = 20$; $14 + 9 = 23$
156. a) Im Bus sitzen 31 Personen. b) Anna hat noch 5 €. c) Votim hat noch 9 €. d) Es sind noch 21 Helme im Keller.
157. $6 + 4 + 2 + 3 = 15$; Papas 5-kg-Fisch wird verschenkt, oder $5 + 6 + 4 = 15$; Jakobs und Laras Fische werden verschenkt.
158. **ADDITION**: Summe, Summand, plus; **SUBTRAKTION**: Minus, Differenz, Minuend, Subtrahend, wegnehmen; **MULTIPLIKATION**: mal nehmen, Produkt, Faktor, vervielfachen; **DIVISION**: teilen, Dividend, Quotient, Divisor, Doppelpunkt.
159. a) 59 b) 36 c) 139
160. Auch innerhalb der Klammer gilt die Rangordnung der Grundrechnungsarten. Zu beginnen ist mit **4 · 5**.
161. a) 11 b) 362 c) 42
162. a) $8 \cdot 5 - 3 = 37$ b) $100 : 5 + 7 = 27$ c) $6 + 4 \cdot 3 = 18$
163. z.B.: $5203 + 1352 \cdot 2 = 7907$
164. a) $20 \cdot 4 = 80$ b) $24 : 3 = 8$ c) $30 \cdot 2 = 60$
165. a) $48 + 4 = 52$ b) $9 - 5 = 4$ c) $22 - 7 = 15$
166. a) $20 - 15 = 5$ b) $(4 + 2) \cdot 6 = 6 \cdot 6 = 36$ c) $18 + 2 = 20$
Klammer bei b), da sonst „Punkt vor Strich" gerechnet wird.
167. Wie viel Geld wird eingesammelt? 92 €
168. Wie viel Euro bekommt jedes Kind zurück? 9 €
169. Wie viel kostet der Eintritt pro Kind? 6 €
170. Wie viele Kinder gehen in den Naturpark? 24 Kinder

Lösungen

171. Wie viel kostet der Eintritt pro Kind? 5 €

172. a) und c) sind anzukreuzen.

173. a) $(23 - 17) \cdot 5 = 30$ b) $(12 + 9) : 3 = 7$ c) $(15 + 10) \cdot (15 - 10) = 125$ d) $(15 + 10) : (15 - 10) = 5$

174. a) Montag bis Freitag sind 5 Tage, am Freitag wird nicht mehr genächtigt, also sind es nur 4 Nächte.
b) $69 : 23 + 7 + 27 \cdot 4 + 92 : 23 = 3 + 7 + 108 + 4 = 122$; jedes Kind hat 122 € zu bezahlen.
c) Von den 23 Kindern sind $122\text{ €} \cdot 23 = 2\,806\text{ €}$ einzusammeln.

175. Die Multiplikation $d \cdot e$ müsste nicht in einer Klammer stehen, weil sie als Punktrechnung auch ohne Klammer vor der Subtraktion (= Strichrechnung) durchzuführen ist.

176. a) $5 + 8 = 13$ b) $4 \cdot 6 = 24$ c) $24 : 8 = 3$

177. a) $5 = 2 + x$, $x = 3$ b) $4 + x = 6$, $x = 2$ c) $3 = 1 + x$, $x = 2$

178. a) $a = 8$ b) $x = 7$ c) $d = 15$ **179.** a) $x = 8$ b) $x = 24$ c) $x = 5$

180. a) 7 g b) 36 g c) 19 g

181. a) $22 = 20$, falsch b) $63 = 63$ c) $21 = 21$

182. a) $x + 4 = 10$, $x = 6$ b) $12 = x + 5$, $x = 7$

183. Bei b), c) und d) führt 15 zu einer richtigen Gleichung. Bei a) ist 15 keine Lösung.

184. (1), (2) und (4) stellen es korrekt dar. Gleichung (3) sagt aus, dass Mustafa um 24 Jahre älter ist als Gabriel. Gleichung (5) sagt aus, dass Gabriel um 24 Jahre älter ist als Mustafa.

185. a) 22 dag b) 17 dag c) 6 dag **186.** a) 24 dag b) 33 dag c) 37 dag

187. Beide Wege sind richtig: Der Weg von Aleya ist leichter verständlich und leicht im Kopf zu lösen. Der Weg von Melvin ist leichter überprüfbar, weil der Rechenvorgang aufgeschrieben ist.

188. a) (2) b) (1)

189. a) $x = 3$ b)
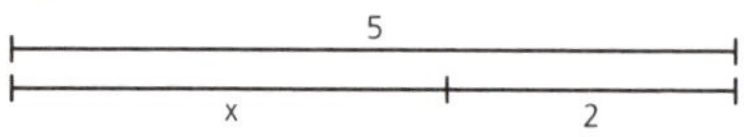

190. $12 : 3 = 4$, die Zahl in der Mitte ist 4, die kleinere Zahl ist 3, die größere Zahl ist 5.

191. Die Methode von Marcel ist hier leichter, da er nur von 45 die Zahl 9 wegzählt.

192. z.B.: Ich habe 4 € in der Geldbörse, bekomme von Oma Geld und habe dann 12 €, von Oma habe ich daher 8 € bekommen.

193. a) $y \cdot 5 = 115$; $y = 23$ b) $73 - z = 37$; $z = 36$

194. a) $39 + 2y = 217$; $y = 89$; ein Heft kostete 89 Cent. b) $23 + 3z = 50$; $z = 9$; ein T-Shirt kostet 9 €.

195. Der zweite Lösungsweg ist korrekt. Im ersten Lösungsweg wurde die erste Gleichung falsch angesetzt. Weil Ali jünger ist, sind die 3 Jahre zu seinem Alter zu addieren. Korrekt wäre also: $a + 3 = b$ und $a + b = 27$.

196. a) $4 \cdot 6 = h$ ($h = 24$ Himbeeren) b) $24 : 6 = h$ ($h = 4$ Heidelbeeren) c) $24 - 4 - 6 = h$ ($h = 14$ Hunde)

197. Anzukreuzen sind c) und d).

198. Weg (2) ist leichter nachvollziehbar und verlangt weniger Rechenaufwand.

199. $5 - 10 - 15 - 20 - 25 - 30 - 35 - 40 - 45 - 55 - 60 = 0$

200. a) 9:15 oder 21:15 b) 9:30 oder 21:30 c) 9:45 oder 21:45

201. a) 1:20, 13:20 b) 3:40, 15:40 c) 5:55, 17:55 d) 7:25, 19:25 e) 9:10, 21:10

202.

203. a) 30 min b) 90 min c) 100 min d) 15 min e) 45 min f) 80 min

204. a) 1 h b) 2 h c) 1 h 10min d) 1 h 30 min e) 2 h 30 min f) 1 h 50 min

205. a) 60 s b) 120 s c) 3600 s **206.** a) 1 min b) 1min 10 s c) 1 min 50 s

207. a) 10 Sekunden b) 3 Sekunden c) 1 Minute d) 24 Sekunden

208. a) 40 Minuten b) 30 Minuten c) 45 Minuten d) 20 Minuten

209. a)

b)

c)

d)

210. a) 36 Monate b) 132 Monate c) 204 Monate d) 116 Monate e) 4 Jahre f) 9 Jahre g) 6 Jahre h) 8 Jahre

211. a) 5 Wochen b) 9 Wochen c) 11 Wochen d) 15 Wochen e) 21 Tage f) 49 Tage g) 84 Tage h) 140 Tage

212. 3 Monate sind 91 oder 92 Tage. $92 + 21 + 3 = 116$.

213. 10 min – 15 min – 25 min – 35 min **214.** 20 min – 50 min – 45 min – 25 min – 35 min

215. a) 55 min b) um 7:40 c) 5 h 45 min d) ja, 15 min e) 1 h 10 min f) um 17:50 g) 9 Stunden 45 Minuten

216. a) 9:40 Uhr b) 11:39 Uhr c) 15:21 Uhr d) 18:03 Uhr e) 21:43 Uhr f) 0:12 Uhr

217. a) 12:54 Uhr b) 3 h 26 min c) 8:56 Uhr d) 21:24 Uhr e) 15:17 Uhr f) 7 h 55 min

218. a) Am nächsten Tag in der Früh um 8:28 Uhr. b) reine Fahrzeit: 10 h 49 min

219. a) 9 h 16 min b) 9 Minuten

220. Am 20. Dezember trifft die Aussage zu (Ein Tag hat 86400 Sekunden; 11,5 Tage vor dem Jahreswechsel).

221. a = 34 mm = 3 cm 4 mm b = 57 mm = 5 cm 7 mm c = 72 mm = 7 cm 2 mm d = 18 mm = 1 cm 8 mm

222.
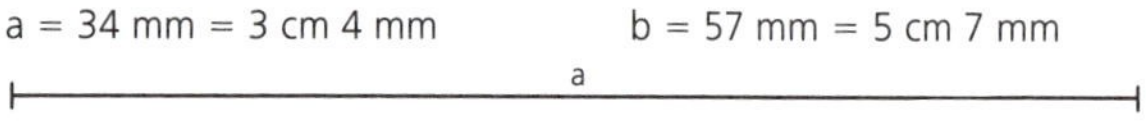

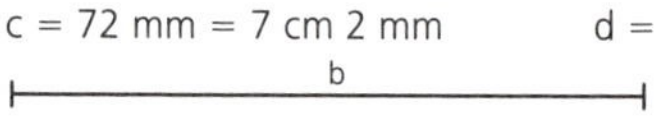

223. a = 40 mm, b = 21 mm, c = 25 mm, d = 15 mm, u = 101 mm

224. a) 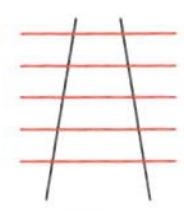 b) 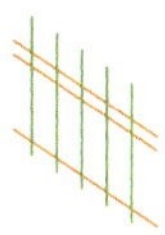 c) 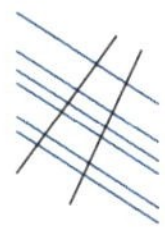

225. 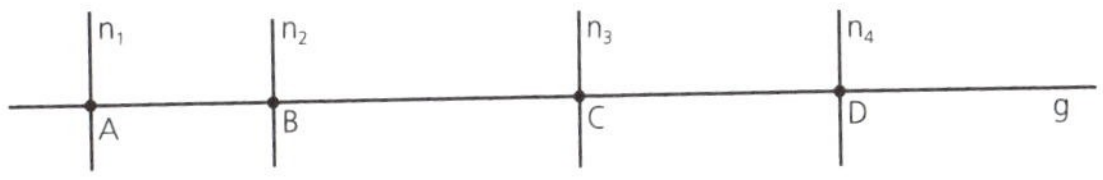

226. 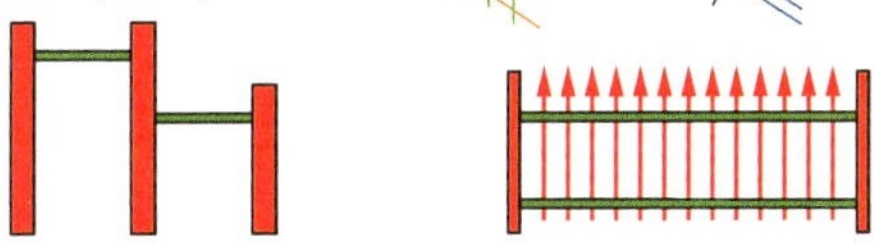

227. 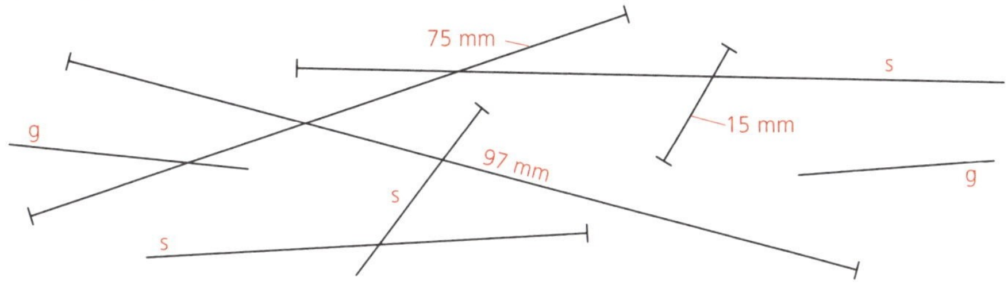

228.

Strecke	gemessen
a	6 cm
b	2,5 cm
c	3,4 cm
d	2,8 cm
e	2 cm

229. Ag = 21mm, Bg = 12mm,
Cg = 15mm, Dg = 9mm,
Eg = 7mm, Fg = 11mm

230. a) 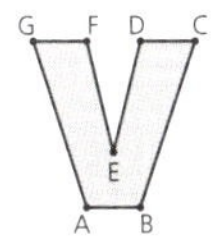

b) 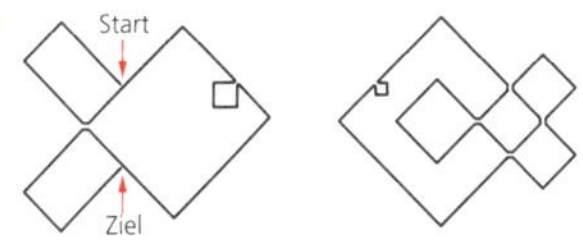

Beim ersten Fisch gibt es 2 Punkte an den Flossen, wo 3 Linien zusammenstoßen. Diese Punkte müssen Start und Ziel sein. Beim zweiten Fisch treffen an jedem Kreuzungspunkt 4 Linien zusammen. Wenn eine gerade Anzahl von Linien zusammentrifft, kann jeder Zug, der zu dieser Abzweigung hinführt, auch wieder wegführen. Bei einer ungeraden Anzahl von zusammentreffenden Linien kommt man im letzten Zug von diesem Punkt nicht mehr weg, daher muss das ein Start- oder Endpunkt sein.

231. 1 dm = 10 cm, 1m, 1m, 2m, 1 dm = 10 cm, 2 m

232. a) 63 mm; 187 mm b) 150 mm; 325 mm c) 1820 mm; 3500 mm

233. a) 180 cm; 215 cm b) 344 cm; 108 cm c) 45 cm; 11 cm

234. a) 8000 m; 1100 m b) 2000 m; 3500 m c) 25000 m; 5750 m

235. Buch 298 mm = 29 cm 8 mm
Fine-Liner 166 mm = 16 cm 6 mm
Radiergummi z.B. 55 mm = 5 cm 5 mm,
Geodreieck 113 mm = 11 cm 3 mm

236. a = 4 cm 5 mm, b = 8 cm 3 mm, c = 6 cm 7 mm, d = 7 cm 2 mm

237. –

238. a) 450 dm b) 34 km c) 510 m d) 23000 m e) 45 km f) 67000 mm

239. –

240. Vera, Jeremy und Marijana haben richtig gerechnet.

241. 1. Zeile: 2, 1, 1, 2, 2 2. Zeile: u, 1, 4, n, 1 3. Zeile: 3, 1, n, n, 1

242. a) 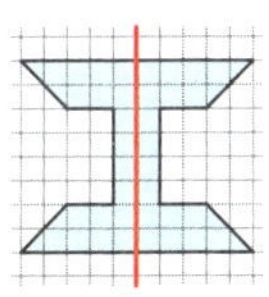 b) 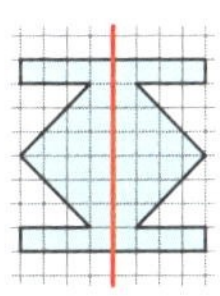 c) 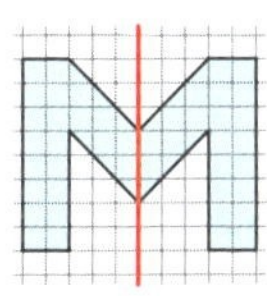 d) 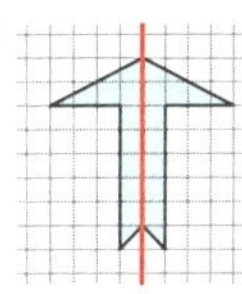 e) 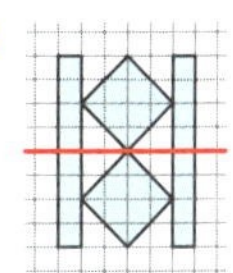 f) 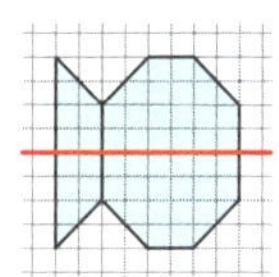

243. a) 3 b) keine c) 6 d) 1 e) 5 f) 20
g) 4 (aufgrund der unterschiedlichen Färbung) h) 1 i) Die Schattierungen sind anscheinend weg, daher: 3

244. a) 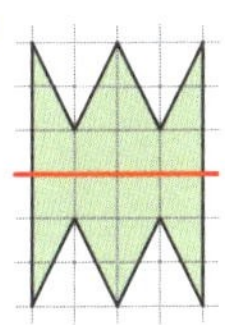 b) 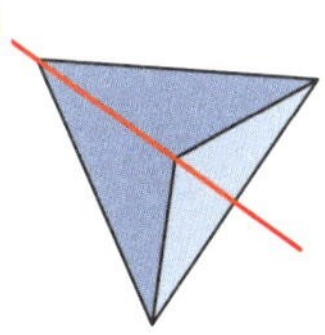 c) 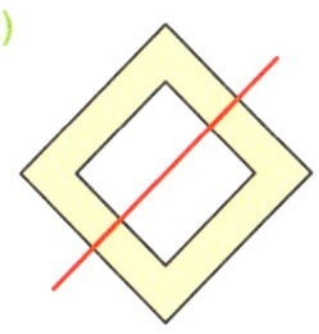

245. a) 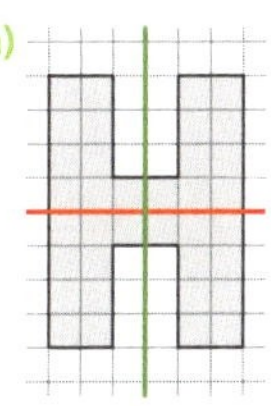 b) 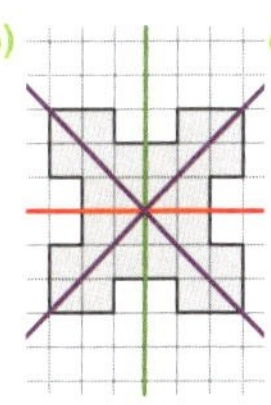 c) 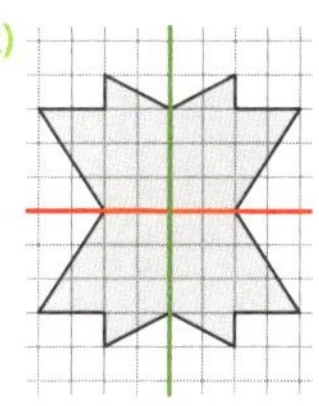

246. a) d = 4 cm b) d = 5 cm

247. 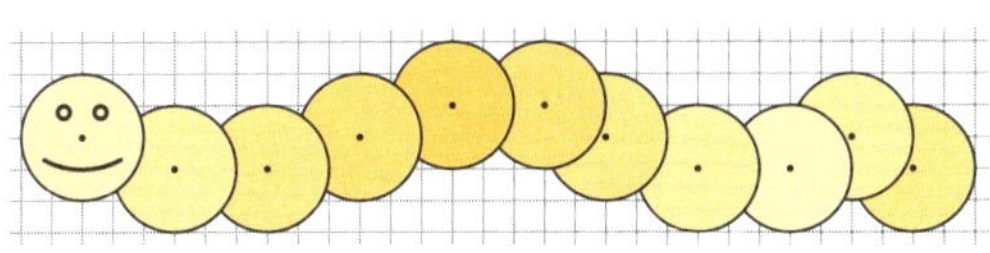

248. –

249. 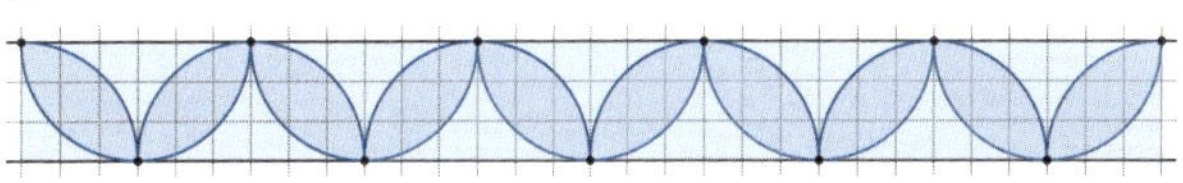

250. –

251. links: r_1 = 15 mm, r_2 = 5 mm
mitte: r_3 = 10 mm
rechts: r_4 = 22 mm, r_5 = 12 mm

252. a)  b) 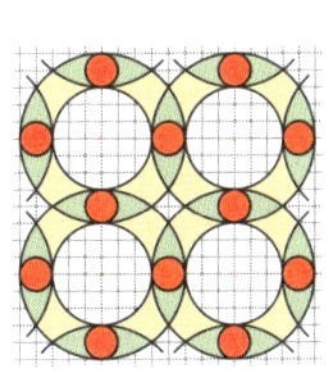

253. a) 40°, spitz b) 80°, spitz c) 110°, stumpf d) 20°, spitz e) 125°, stumpf f) 90° rechter Winkel

254. spitz – spitz – stumpf – rechter Winkel – stumpf

255. a) spitz b) stumpf c) spitz d) stumpf

256. a) spitz: A, G, K, L, M, N, S, V b) stumpf: C, E, I, L, O, Q, T, U, W, X, Y
c) rechter Winkel: B, F, H, J, M, P, Q, R, S, Y, Z

257. a) Die blau nachgezogenen Linien bilden einen stumpfen Winkel.

258.

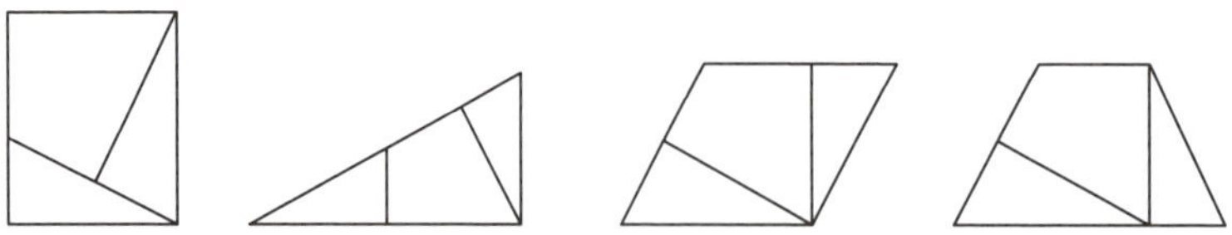

259. a) 9 spitze Winkel (blau), 2 rechte Winkel (rot), 1 stumpfer Winkel (grün)

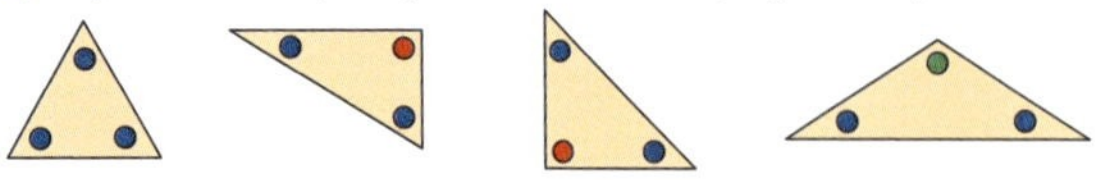

b) 7 spitze Winkel (blau), 2 rechte Winkel (rot), 7 stumpfe Winkel (grün)

260. 7 spitze Winkel (blau), 10 rechte Winkel (rot), 7 stumpfe Winkel (grün)

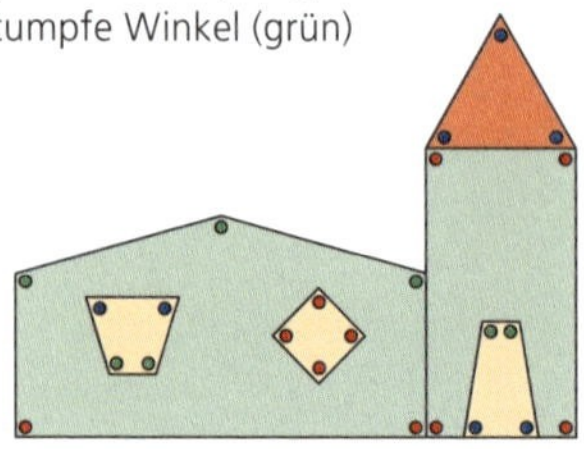

261.

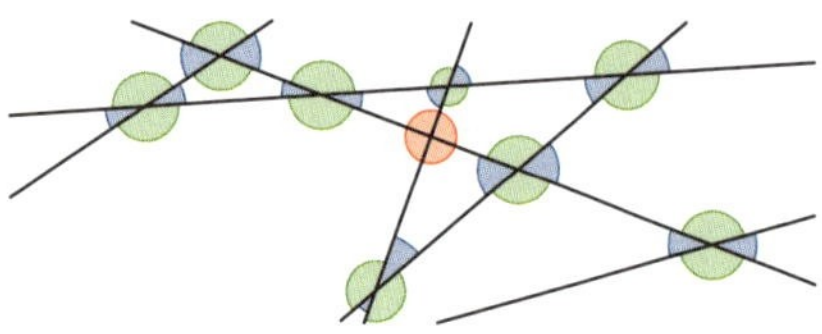

Jeweils zwei gegenüberliegende Winkel an einem Schnittpunkt sind gleich groß.

262. a) Alpha = 235° b) –

263. a) Gondel 1: spitz, ca. 20° b) Gondel 5: stumpf, ca. 121° c) Gondel 10: erhaben, ca. 244°
d) rechter Winkel: Gondel 4 und Gondel 11, gestreckter Winkel: in diesem Bild nicht e) 15 Gondeln

264. a) b) c) d) e)

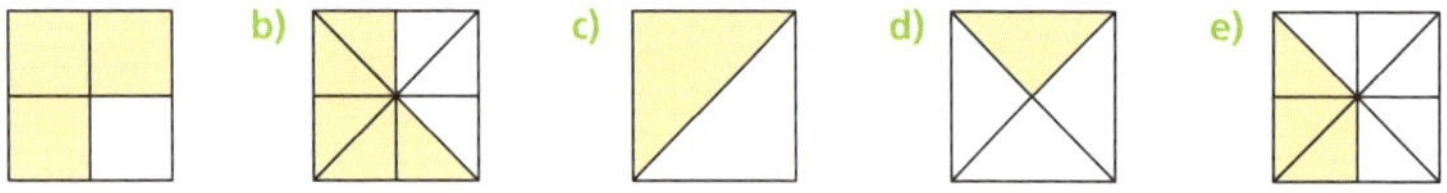

265. a) $\frac{6}{8}$ b) $\frac{4}{8}$ c) $\frac{1}{2}$ d) $\frac{2}{4}$ e) $\frac{7}{8}$

266. a) b) c)

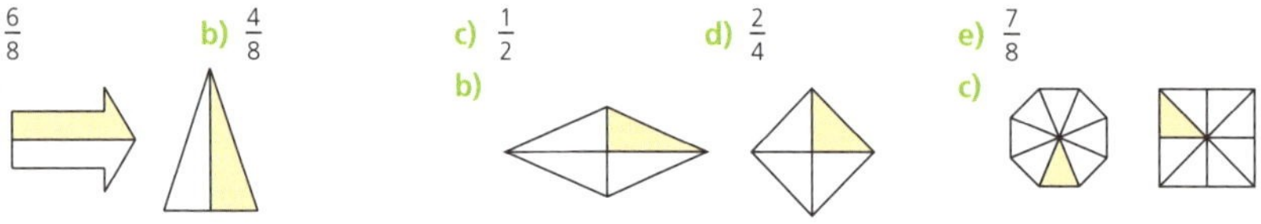

267. a) $\frac{2}{6}$ b) $\frac{3}{6}$ c) $\frac{3}{5}$ d) $\frac{5}{7}$

268. a) $2\frac{1}{4} = \frac{9}{4}$ b) $1\frac{1}{2} = \frac{3}{2}$ c) $1\frac{3}{4} = \frac{7}{4}$

269. a) $\frac{7}{4}, \frac{5}{2}, \frac{6}{4}, \frac{9}{8}$ b) Der Zähler ist größer als der Nenner.

270. z.B.: $\frac{4}{4}, \frac{6}{2}, \frac{8}{8}$ Der Zähler ist gleich dem Nenner oder ein Vielfaches davon.

271. a) b) c) d) e)

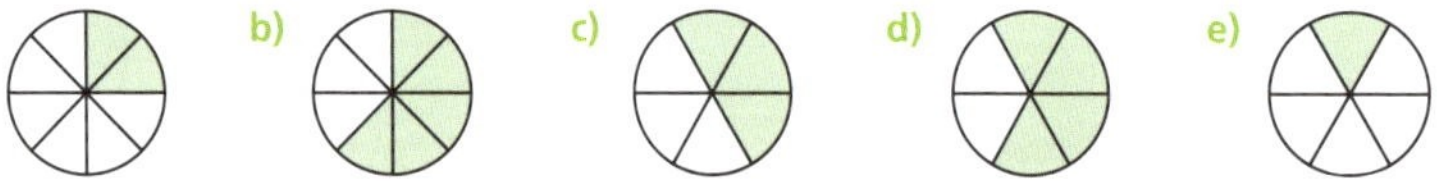

272. $\frac{2}{3}; \frac{2}{6} = \frac{1}{3}; \frac{6}{12} = \frac{1}{2}; \frac{3}{6} = \frac{1}{2}; \frac{3}{12} = \frac{1}{4}$

273. $\frac{1}{2}; \frac{1}{4}; \frac{1}{3}; \frac{1}{6}; \frac{6}{12}, \frac{3}{12}, \frac{4}{12}, \frac{2}{12}$

274. z.B.: $\frac{1}{2}; \frac{1}{3}; \frac{1}{4}; \frac{1}{5}; \frac{1}{6}$ $\frac{3}{2}; \frac{4}{2}; \frac{5}{2}; \frac{6}{2}; \frac{7}{2}$ $\frac{10}{2}; \frac{15}{3}; \frac{20}{4}; \frac{25}{5}; \frac{30}{6}$

275. a) 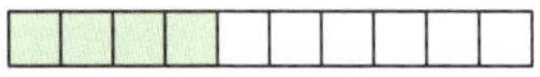 b) 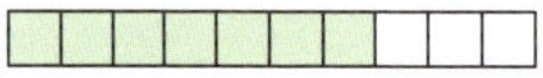

276. a) $\frac{4}{10} = 0{,}4$ b) $\frac{5}{10} = 0{,}5$ c) $\frac{9}{10} = 0{,}9$ d) $\frac{7}{10} = 0{,}7$ e) $\frac{1}{10} = 0{,}1$

277. a) 0,3 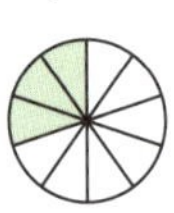 b) 0,8 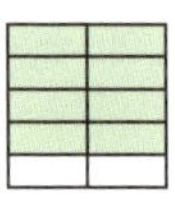 c) 0,5 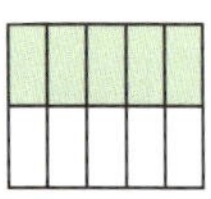 d) 0,2  e) 0,1 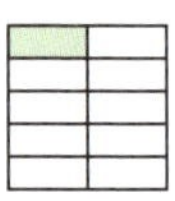

278.

	a)	b)	c)
grün	$\frac{40}{100} = 0{,}40$	$\frac{30}{100} = 0{,}30$	$\frac{65}{100} = 0{,}65$
gelb	$\frac{24}{100} = 0{,}24$	$\frac{49}{100} = 0{,}49$	$\frac{25}{100} = 0{,}25$
weiß	$\frac{36}{100} = 0{,}36$	$\frac{21}{100} = 0{,}21$	$\frac{10}{100} = 0{,}10$

279. a) $2\frac{7}{10} = 2{,}7$ b) $1\frac{3}{10} = 1{,}3$

280. a) $\frac{5}{10}$ b) $\frac{23}{100}$ c) $1\frac{6}{10}$ d) $\frac{8}{10}$ e) $\frac{438}{1000}$ f) $2\frac{75}{100}$

281. a) 0,1 b) 0,75 c) 1,3 d) 0,4 e) 0,09 f) 2,07

282. Ein Dezimalbruch ist ein Bruch, der im Nenner 10, 100, 1000 oder eine größere dekadische Einheit stehen hat.

283. a) $\frac{4}{10}$ b) $\frac{40}{100}$

284. a) b)

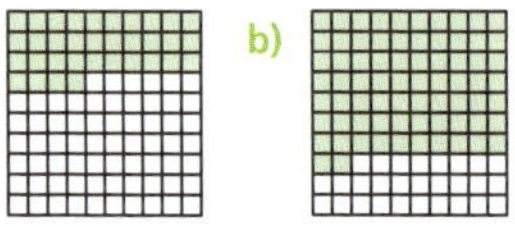

285.

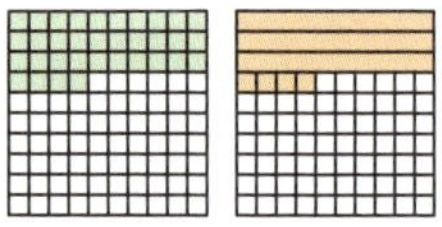

286.

Dezimalbrüche	E	,	z	h	t
$\frac{52}{100} = \frac{5}{10} + \frac{2}{100}$	0	,	5	2	
$\frac{42}{100} = \frac{4}{10} + \frac{2}{100}$	0	,	4	2	
$\frac{85}{100} = \frac{8}{10} + \frac{5}{100}$	0	,	8	5	
$\frac{60}{100} = \frac{6}{10}$	0	,	6		
$\frac{175}{100} = 1 + \frac{7}{10} + \frac{5}{100}$	1	,	7	5	

287.

Sprich	Dezimalzahl	T	H	Z	E	,	z	h	t	Stellenwert	Bruch
Vier Komma eins drei	4,13				4	,	1	3		4E 1z 3h	$4\frac{13}{100}$
Neunzehn Komma acht	19,8			1	9	,	8			1Z 9E 8z	$19\frac{8}{10}$
Null Komma drei acht vier	0,384				0	,	3	8	4	3z 8h 4t	$\frac{384}{1000}$
Null Komma neun fünf	0,95				0	,	9	5		9z 5h	$\frac{95}{100}$
Hundertzwanzig Komma zwei sechs	120,26		1	2	0	,	2	6		1H 2Z 2z 6h	$120\frac{26}{100}$
Tausenddreihundert Komma sieben	1300,7	1	3	0	0	,	7			1T 3H 7z	$1300\frac{7}{10}$

288. $0{,}4 = \frac{4}{10}$, $1{,}3 = 1\frac{3}{10}$, $7{,}7 = 7\frac{7}{10}$, $0{,}28 = \frac{28}{100}$, $0{,}09 = \frac{9}{100}$, $2{,}25 = 2\frac{25}{100}$, $5{,}03 = 5\frac{3}{100}$, $0{,}246 = \frac{246}{1000}$

289. 0,5 0,50 00,5 0,500 00,50

290. 03,6 3,60 03,60 3,6 3,600

291. 1,25 01,25 1,250 01,250 001,25

292. a) ~~00~~7 0,7 0,7~~0~~ b) 600 6,~~00~~ 0,6~~0~~ c) 50,~~00~~ 50 ~~0~~5
d) 30,8 ~~0~~3,8 38,~~00~~ e) 9,~~0~~ ~~0~~9 90,~~0~~ f) 120 ~~0~~12 ~~0~~1,2~~0~~

293. a) 23,~~00~~ 2300 203,~~0~~ 0,23~~0~~ ~~00~~23 ~~0~~0,23~~0~~ ~~0~~230 2,3~~0~~
b) 4,~~000~~ 0,4~~0~~ 0,4~~00~~ ~~00~~4 40 ~~0~~4,~~0~~ 400 0,04
c) 60 6,~~000~~ ~~0~~606 60,~~0~~ ~~00~~6 60,06 0,66~~0~~ ~~0~~0,6~~0~~

294. a) 48,0 – 3,9 – 2,0 b) 1,225 – 3,500 – 0,450 c) 10,90 – 7,30 – 4,28

295. 3Z 5z 7t – 30,507; 3H 5E 7h – 305,07; 5E 3h 7t – 5,037; 7E 5z 3t – 7,503; 5Z 3E 7t – 53,007; 7Z 5z 3h – 70,53

296. $2{,}75 = 2\frac{75}{100}$ $0{,}275 = \frac{275}{1000}$ $0{,}36 = \frac{36}{100}$ $3{,}06 = 3\frac{6}{100} = \frac{306}{100}$ $3{,}6 = \frac{36}{10} = 3\frac{6}{10}$ $27{,}5 = \frac{275}{10}$

297. a) $\frac{5}{10} = \frac{50}{100}$ b) $\frac{25}{100} = \frac{1}{4} = 0{,}25$ c) 0,75 d) $\frac{1}{5}$ e) $\frac{33}{100}$

298. a) $> = > >$ b) $> = < >$

299. a) $7 < 8$ b) $8 < 9$ c) $5 < 6$ d) $3 < 4$ e) $2 < 3$ f) $4 < 5$

300. a) $3{,}4 < 3{,}6$ b) $2{,}8 < 3{,}0$ c) $0{,}7 < 0{,}9$ d) $7{,}0 < 7{,}2$

301. a) $2{,}06 < 2{,}07 < 2{,}40 < 2{,}44 < 2{,}60 < 2{,}70$ b) $4{,}05 < 4{,}07 < 4{,}75 < 4{,}80 < 4{,}89 < 4{,}90$

302. a) 

b) 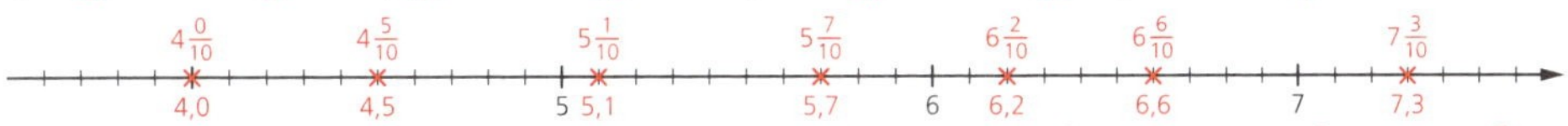

303. a) 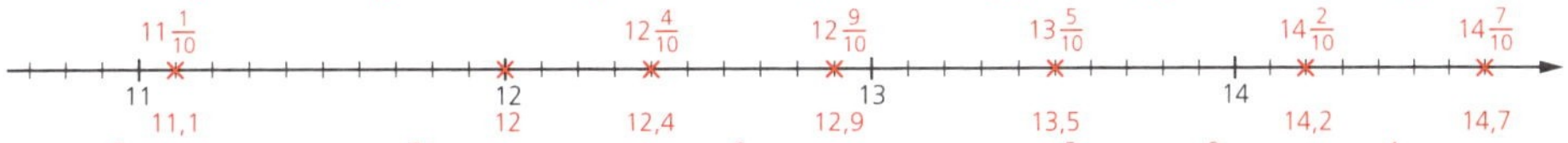

b) 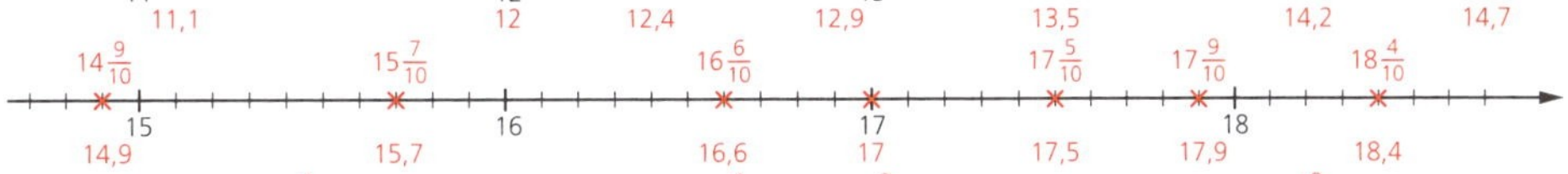

304. 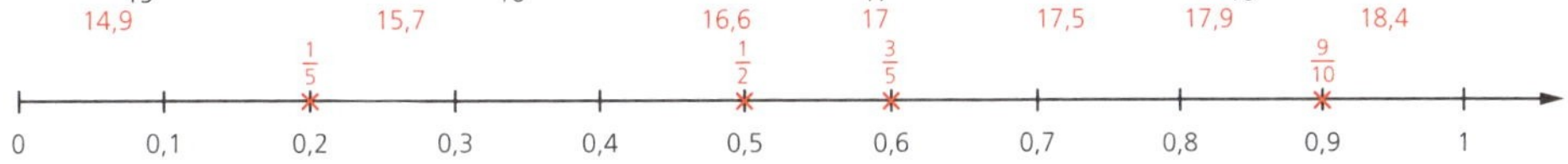

305. 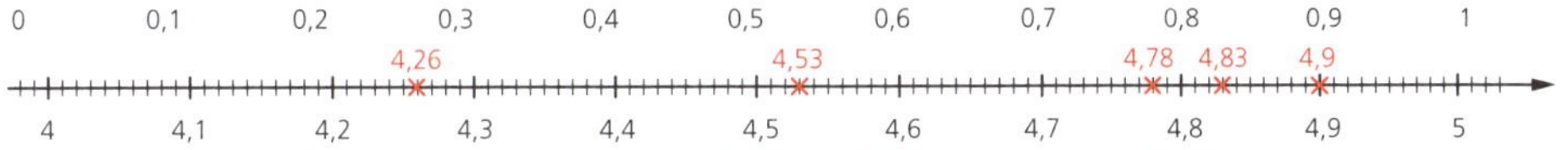

306. 

307. a) 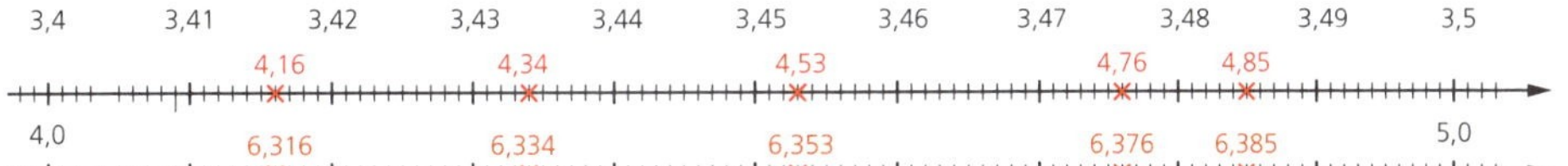

b) 

308. z.B.: 4,21; 4,22; 4,23; 4,24; 4,25

309. z.B.: 4,251; 4,252; 4,253; 4,254; 4,255

310. 7,5 = 7E 5z 7,25 = 7E 2z 5h 5z > 2z

311. a) 50 – 52 – 52,3 b) 300 – 360 – 361 c) 8000 – 8400 – 8470

312. a) 36 – 360 – 3600 b) 24,5 – 245 – 2450

313. a) ~~0~~2 b) ~~00~~8 c) ~~0~~400 d) ~~0~~3 e) ~~0~~60 f) ~~0~~807

314. a) 5 – 50 – 500 b) 0,9 – 9 – 90 c) 20,7 – 207 – 2070

315. a) 15,90 € b) 5,90 € c) 7,60 €

316. a) 2,0 – 2,8 – 15,7 b) 3,60 – 1,70 – 12,80 c) 2,400 – 1,280 – 0,355

317. a) 40,3 – 4,03 – 0,403 b) 284 – 28,40 – 2,840

318.

...	H	Z	E	,	z	h	t	...
			3	,				
		3	0	,				
			0	,	3			
			0	,	0	3		

Vor dem Komma ist es wichtig, auf jeden Stellenwert zu achten. Nach dem Komma gilt: Befinden sich rechts von einer Ziffer nur mehr Nullen, können diese weggelassen werden.

319.

	...	H	Z	E	,	z	h	t	...
28 · 1 =			2	8	,				
28 · 10 =		2	8	0	,				
28 · 100 =	2	8	0	0	,				
28 · 1 000 =	28	0	0	0	,				
28 : 10 =				2	,	8			
28 : 100 =				0	,	2	8		
28 : 1 000 =				0	,	0	2	8	

Die Regel gilt für natürliche Zahlen.

320. 3 : 10 = 0,3   0,3 : 10 = 0,03

321. **a)** 25 : 10; 0,15 · 1 000; 40,7 : 100; 89,3 : 10; 0,083 · 10; 24,0 · 10
b) 4,02 · 10; 63,02 : 100; 1 111 : 100; 1 101 : 10; 74,74 : 10; 7 447 · 10

322. **a)** 30 mm – 38 mm – 8 mm **b)** 110 mm – 115 mm – 5 mm **c)** 90 mm – 93 mm – 3 mm

323. **a)** 500 mm – 750 mm **b)** 2 000 mm – 800 mm **c)** 3 000 mm – 3 150 mm

324. **a)** 50 cm – 25 cm – 75 cm **b)** 400 cm – 470 cm – 70 cm **c)** 420 cm – 790 cm – 825 cm

325. **a)** 5 000 m – 5 900 m – 900 m **b)** 1 500 m – 6 300 m – 4 200 m **c)** 500 m – 150 m – 250 m

326. **a)** 1,3 m – 0,7 m **b)** 2,40 m – 1,60 m **c)** 3,95 m – 0,45 m

327. **a)** 1,5 m – 1,35 m – 0,8 m **b)** 0,9 m – 2,75 m – 3,6 m **c)** 1,5 m – 0,38 m – 0,05 m

328. z.B. Radiergummi, Zündholzschachtel, Holzbaustein

329. z.B. Sonnenblumenkern, Würfelzucker, Kaffeebohne

330. Für eine Länge gilt: Je kleiner die Maßeinheit, desto größer die Maßzahl. Um die Maßzahlen je nach Größe des Objekts überschaubar zu halten, gibt es unterschiedliche Längenmaße.

331. 150 cm = 15 dm = 1 500 mm

332. 37 mm = 3,7 cm = 0,37 dm 3 700 mm = 370 cm = 37 dm = 3,7 m = 0,0037 km 0,37 km = 370 m = 3 700 dm
370 mm = 37 cm = 0,37 m

333. **a)** 6,02 m **b)** 0,105 m **c)** 0,0478 km **d)** 9 050 m **e)** 84,02 m **f)** 2,005 km

334. **a)** 1 010 m **b)** 10,01 m **c)** 0,100001 km **d)** 54 000 dm **e)** 0,00504 km **f)** 50,04 dm

335. **a)** 11 cm = 110 mm **b)** 7 cm = 70 mm **c)** 35 cm = 350 mm

336. **a)** 20 cm = 0,2 m, nein **b)** 1,8 m, ja **c)** 10 m, ja

337. **a)** 575 000 m = 575 km **b)** 294 km **c)** 3 798 m **d)** 505 000 m = 505 km **e)** 357,5 km

338. **a)** 3,8 km **b)** 7 300 mm **c)** 5 000 m **d)** 1,4 m **e)** 2 500 m **f)** 6,2 m

339. **a)** 0,025 m = 25 mm, ja **b)** 0,105 m = 105 mm, ja

340. **a)** km oder m **b)** 9 km bzw. 9 000 m **c)** Ja, es ist möglich. Es ist realistisch in einer Stunde 9 km zu laufen!

341.

Tischplatte:	in cm: l = 165 cm b = 80 cm h = 3 cm	in m: l = 1,65 m b = 0,8 m h = 0,03 m
Bücherregal:	in cm: l = 168 cm b = 35 cm h = 165 cm	in m: l = 1,68 m b = 0,35 m h = 1,65 m
Aquarium:	in cm: l = 60 cm b = 30 cm h = 30 cm	in m: l = 0,6 m b = 0,3 m h = 0,3 m

342. z.B.: Weil beim Wandern auch der Höhenunterschied von Bedeutung ist.

343. **a)** 40 g – 45 g – 5 g **b)** 83 g – 72 g – 125 g **c)** 3 g – 48 g – 205 g

344. **a)** 200 dag – 50 dag **b)** 80 dag –75 dag **c)** 630 dag — 9 dag

345. **a)** 3 000 g – 3 500 g – 3 580 g **b)** 500 g – 250 g – 750 g **c)** 6 700 g – 3 850 g – 125 g

346. **a)** 8 000 kg – 8 500 kg – 500 kg **b)** 250 kg – 750 kg – 125 kg **c)** 3 200 kg – 6 350 kg – 900 kg

347. **a)** 2 kg – 2,5 kg – 2,58 kg **b)** 0,3 kg – 0,8 kg – 0,64 kg **c)** 0,5 kg – 1,5 kg – 7,3 kg

348. **a)** 3 kg – 1,5 kg – 0,5 kg **b)** 2,2 kg – 0,3 kg – 0,25 kg **c)** 0,6 kg – 0,15 kg – 0,05 kg

349. Nein, da 750 g = 0,75 kg

350. 125 g = 0,125 kg = $\frac{1}{8}$ kg

351. Einzusetzen sind: 150 dag 1,5 kg

352. Bei der Geburt wog er 100 g = $\frac{1}{10}$ kg.

353. Sophie muss zuerst beide Zahlen auf die gleiche Einheit bringen. 6 t = 6 000 kg 6 000 + 95 = 6 095

354. **a)** (2) **b)** (1) **c)** (2) **d)** (1) **e)** (3) **f)** (3)

355. **a)** Anita und Susi wiegen gleich viel wie Anita und Ella, also wiegt Susi gleich viel wie Ella.
b) Susi und Ella wiegen je 40 kg; Anita wiegt 44 kg.

356. **a)** 3 – 5 – 6 – 7 **b)** 13 – 26 – 40 – 21 **c)** 6 – 2 – 9 – 6

357. **a)** 0,4 – 0,9 – 0,6 – 0,7 **b)** 7,5 – 3,5 – 4,8 – 6,8 **c)** 0,4 – 0,5 – 1,7 – 2,8

358. **a)** 0,84 – 0,28 – 0,68 – 0,43 **b)** 0,07 – 0,04 – 0,05 – 0,31 **c)** 1,04 – 2,80 – 4,94 – 5,01

359. **a)** 6 – 7 – 4 **b)** 4 – 3 – 8

360. **a)** 40 – 7 – 30 **b)** 20 – 500 – 3 **c)** 70 – 9 – 50

361. Alle Geldbeträge von 7,50 € bis 8,49 €.

362. 6,73 ≈ 6,7 Beim Runden auf die Zehntelstelle wird die Hundertstelstelle beachtet.
6,73 ≈ 7,0 Beim Runden auf die Einerstelle wird die Zehntelstelle beachtet.

363. Da es sich um einen Rekord handelt. Runden würde ihn verfälschen.

364. Dominik hat recht. Raphael hat eine gerundete Zahl nochmals gerundet. Diese Vorgangsweise ist falsch.

365.

H	Z	E	,	z	h	t
3	0	4	,	6	2	9
3	0	4	,	6	3	
3	0	4	,	6		
3	0	5	,			
3	0	0	,			

Z	E	,	z	h	t
8	5	,	3	9	2
8	5	,	3	9	
8	5	,	4		
8	5	,			
9	0	,			

H	Z	E	,	z	h	t
1	0	4	,	5	7	3
1	0	4	,	5	7	
1	0	4	,	6		
1	0	5	,			
1	0	0	,			

366. a) z. B.: 75,78; 75,79; 75,84 b) z. B.: 492,6; 492,9; 493,1 c) z. B.: 48,19; 48,18; 48,22 d) z. B.: 6,051; 6,049; 6,052

367. a) 7,8 b) 8,3 c) 4,9 d) 6,2

368. a) 8,5 b) 1,4 c) 3,2 d) 2,6

369. a) 4,07 € b) 1,45 € c) 0,51 €

370. a) 33,95 b) 20,75

371. a) 166,25 b) 22,7

372. David: Alle 3 Waren kosten 11,67 €, das ist zu viel, er legt die Schokolade zurück, dann bleiben 0,02 € übrig.
Maja: Alle 3 Waren kosten 15,63 €, 4,37 € bleiben übrig.

373. 98,89 + 1,11 = 100; 3,07 + 0,93 = 4; 5,93 + 0,07 = 6
5,1 + 0,9 = 6; 1,24 + 2,76 = 4; 7,95 + 2,05 = 10

374. a) 0,11 b) 0,832 c) 0,482

375. a) 0,65 b) 0,25 c) 0,92 d) 0,53 e) 0,64 f) 0,58

376. a) stimmt b) 29,55 c) stimmt d) stimmt e) stimmt f) 20,26

377. a) (2) b) (3) c) (3) d) (3)

378. a) 13,0 b) 27,3 c) 67,2

379. a) 128,8 b) 62,4 c) 590,4

380. a) 16,2 b) 14,88 c) 1,971

381. a) 272,0 b) 438,0 c) 760,0

382. a) 10,0 b) 24,0 c) 420,0

383. 42 – 4,2 – 4,2 – 0,42

384. a) 10 – 1,0 – 1,0 – 0,10 b) 100 – 10,0 – 10,0 – 1,00 c) 1 000 – 100,0 – 100,0 – 10,00

385. a) 48; 24; 72 b) 49,2; 492; 442,8 c) 458; 229; 687; d) 24,12; 241,2; 217,08
Bei a) und c) ist das Ergebnis der letzten Rechnung die Summe der beiden anderen Ergebnisse, bei b) und d) ist das Ergebnis der letzten Rechnung die Differenz der beiden anderen Ergebnisse.

386. a) 19,2; 1,92; 0,192; 19,392 b) 92; 9,2; 0,92; 92,92

387. a) 462,083 b) 91,18

388. a) 5,6 b) 8,4 c) 2,61

389. a) 7,05 b) 1,48

390. a) 0,7 b) 0,8 c) 0,72

391. a) 0,925 b) 0,85 c) 0,3375

392. a) Probe: 14,55 · 8 = 116,40 b) Probe: 38,5 · 4 = 154,0

393. a) Probe: 20,3 · 7 = 142,1 b) Probe: 7,08 · 5 = 35,40

394. Ergänze: „10", „Einern", „Zehnern", „Hundertstel".

395. a) 86 b) 8,6 c) 0,86 d) 8,6 e) 0,86 f) 0,086

396. Das Ergebnis bleibt gleich, wenn der Dividend und der Divisor durch 10 dividiert werden.

397. a) Ergänze: „70", „0,17". b) „1,3", „900"

398. a) 5,4 b) 3,5 c) 3,6

399. a) 2,35 b) 0,54

400. a) 63 : 9 = 7 b) 720 : 4 = 180 c) 41,3 : 7 = 5,9

401. a) 3 800 : 4 = 950 b) 4 760 : 8 = 595 c) 36 : 12 = 3

402. a) 42 : 8 = 5,25 b) 48 250 : 5 = 9 650 c) 63,8 : 11 = 5,8

403. 3E = 30z d. h. 0,1 · 30 = 3

404. a) 30; 3; 300 b) 120; 12; 120

405. Anzukreuzen sind b) und e).

406. a) 3,4 · 10 = 34 b) 7,3 · 7 = 51,1

407. a) 8,5 + 2,9 = 11,4 b) 6,7 – 4,2 = 2,5

408. a) 62 + 9 = 71 b) 2,5 + 1,2 = 3,7

409. a) 8 · 0,5 + 3 = 7 b) 7,5 : 3 – 2 = 0,5

410. a) 3 b) 7,5 c) 28 d) 4,5

411. 4,1; 6,9; 380; 7,25

412. (1) 16,66 (2) 35,56 (3) 45,78 (4) 64,68

413.

Kinder	18	24	36	42
Liter	9	12	18	21
Euro	9,9	13,2	19,8	23,1

414. 2 · (3 · 0,90 + 1,90) = 9,20; Ihm bleiben 80 Cent über, er kann sich den Schokoriegel nicht mehr kaufen.

415. a) T-Shirt + Flip-Flops: 15,90 + 9,90 = 25,80 Jeans + Flip-Flops: 29,90 + 9,90 = 39,80
b) Er bekommt 14,20 € oder 0,20 € zurück.

416. Die drei Waren kosten 6,98 €, Lea bekommt 3,02 € zurück.

417. 2,9 + 0,3 = 3,2; Anna springt 3,2 m weit.

418. 9 : 4 = 2,25; jede Person bezahlt 2,25 €.

419. 43,4 – 39,8 = 3,6; Katze Micky wiegt 3,6 kg.

420. 24 : 10 = 2,4; einmal Schwimmen kostet mit dem Zehnerblock 2,40 €.

421. 1) 6 : 0,2 = 30 2) 1,65 + 0,25 = 1,9 3) 4 · 1,9 = 7,6 4) 43,5 – 4,8 = 38,7 5) 38,7 – 22,8 = 15,9 6) 3 · 1,8 = 5,4

422.

Anzahl, Gewicht	Eier	Äpfel	Croissants
1	0,20	3,20	1,20
2	0,40	6,40	2,40
3	0,60	9,60	3,60
4	0,80	12,80	4,80
5	1,00	16,00	6,00
6	1,20	19,20	7,20
10	2,00	32,00	12,00

423. Shirt + Jeans + Kappe = 47,70 €; Sweater + Jeans =47,80 €

424. 12 kleine + 3 mittlere + 1 großes = 16 Quadrate

425. 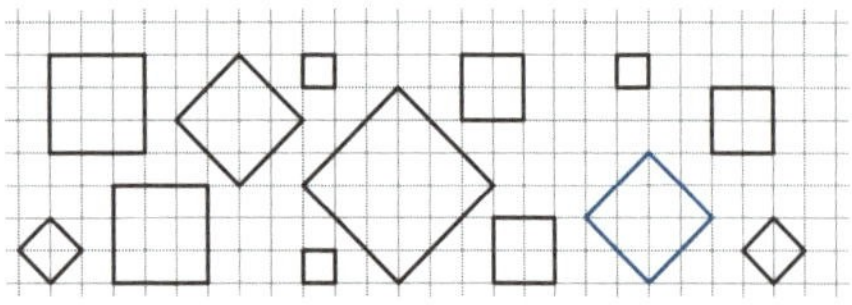

426. d = 4,9 cm, u =14 cm

427. d = 7,8 cm, u = 21,6 cm

428. a) Quadrat, 4 Symmetrieachsen, b), c) Rechteck 2 Symmetrieachsen

429. 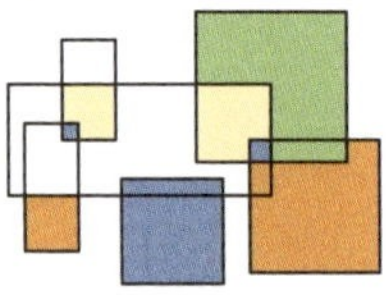 (8 Stück)  (7 Stück)

430. a) 9,4 cm b) 64° und 116°
c) Die beiden Winkel müssen immer 180° ergeben, weil d eine gerade Linie (= gestreckter Winkel) ist.

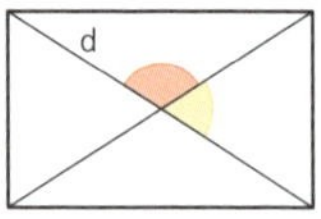

431. a) R+Q b) nur Q c) R+Q d) keins e) nur R f) nur Q g) nur R

432. a) Rechteck, l = 5 cm, b = 2,2 cm; u = 14,4 cm b) Quadrat, s = 3,5 cm; u = 14 cm

433. a) u = 1,3 · 4 = 5,2; es müssen mindestens 5,20 m gekauft werden.
b) Weil eine 5,20 m lange Leiste wahrscheinlich nicht ins Auto passt.

434. u = 1,60 · 2 + 0,90 · 2 = 5,00; Max braucht mindestens 5 m Holzleisten.

435. u = 1,2 · 3 = 3,6; Lena braucht 3,6 m Zaun.

436. Fig. 1) und 3) u = 9 cm; Fig. 2) und 4) u = 8 cm

437. (1) Umlaufsinn der Punkte falsch herum (2) b und l vertauscht (3) Diag. mit b beschriftet

438. a) 147 m; Draht 441 m b) ca. 10 c) 1x 250 m und 2x 100 m → 81,60 €

439. 24 m

440. 9 Brettchen

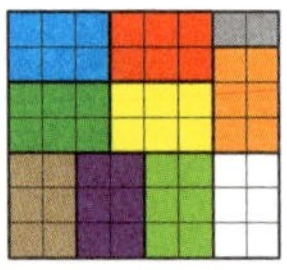

441. a) 50 dm^2 b) 50 cm^2 c) 25 dm^2 d) 125 cm^2 e) 75 dm^2 f) 275 cm^2

442. a) 180 dm^2 b) 150 cm^2 c) 260 mm^2 d) 85 dm^2 e) 388 cm^2 f) 50 mm^2

443. a) 62 cm^2 b) 1,8 dm^2 c) 0,8 m^2 d) 5 cm^2 e) 0,3 dm^2 f) 2,5 m^2

444. a) 580 cm^2 = 5,80 dm^2 b) $3\frac{1}{2}$ m^2 = 350 dm^2 c) 0,25 m^2 = $\frac{1}{4}$ m^2 d) 70 dm^2 = 0,70 m^2

445. Achim, Lea, Laura: ja, Tobias: 80 cm^2 = 0,8 dm^2, Umrechenzahl ist 100.

446. 23 ha 7 dm^2 = 230 000,07 m^2 800,213 ha = 8 002 130 m^2 0,0643 km^2 = 6,43 ha 917 000 cm^2 = 0,917 a
3 ha 71 a 8 m^2 = 0,037108 km^2

447. Wenn man die Seiten eines Quadrates verzehnfacht, dann wird der Flächeninhalt hundertmal so groß, weil sowohl die Länge als auch die Breite verzehnfacht wird und 10 · 10 = 100 ist.

448. Josef, Lucy, Romana und Kevin haben es richtig gemacht.

449. Rajan und Florian haben recht.

450. Franz: falsch, 100 Ar sind ein Hektar. Leonie: richtig. Rosi: falsch, 100 dm^2 sind ein m^2. Dimitri: richtig.

451. a) l = 5,5 cm, b = 2 cm; A = 11,0 cm^2 b) s = 2,5 cm; A = 6,25 cm^2

452. a) A = 660 m^2 b) A = 119 m^2; es bleiben 541 m^2 übrig.

453. Alle Angaben in Stück: l = 8, b = 1; l = 7, b = 2; l = 6, b = 3, l = 5, b = 4; l = b = 4,5

454. 1) 8 m x 3 m 2) 6 m x 4 m 3) 12 m x 2 m; keine ideale Raumform

455. a) (1) A = 0,72 m^2, Preis 57,60 € (2) A = 1,05 m^2; Preis 50,40 €
b) Die Kunststoffplatte ist größer, aber billiger, weil der m^2-Preis wesentlich günstiger ist als bei der Naturholzplatte.

456. 500 · 625 cm^2 = 312 500 cm^2 = 31,25 m^2 Es geht sich locker aus.

457. a) Marie: 1 750 cm^2, Jonathan 7 000 cm^2 = 4-mal so groß
b) Die Ernte hängt nicht nur von der Fläche ab, sondern auch von den angepflanzten Kräutern, dem Wasser, dem Dünger, dem Geschick der Gärtner, der Sonne usw.

458. Wenn man beide Seiten eines Rechtecks verdoppelt, dann vervierfacht sich der Flächeninhalt.

459. a) 17,25 m^2 b) Eiche lackiert: 636,53 €; Eiche geölt: 722,78 €; Buche: 498,53 €

460. a) l = 5,3 m; b = 3 m b) l = 2,5 m; b = 0,8 m c) l = 45 cm; b = 30 cm

461. a) l = 4,5 m; b = 3,5 m b) b = 1 m c) b = 1,5 m
d) l = 2 m; b = 1 m e) l = 1,5 m; b = 0,8 m f) l = 2,5 m; b = 0,6 m

462. 1 : 100 000

463. Salzburg–Wien = 6 cm 1 : 4 170 000 Salzburg–Linz: 2,55 cm → ca. 106,3 km Wien–Bratislava: 1,3 cm → 54 km

464. Maßstab: 1 : 200 Robertos Zimmer (2,1 cm, 1,6 cm) → 4,2 m lang; 3,2 m breit → 13,44 m^2
Weg ins Wohnzimmer ca. 4,2 cm → 8,4 m

465. l = 2,2 cm; b = 3 cm

466. l = 6,5 cm; b = 4,5 cm

467. l = 4 cm; b = 2 cm

468. l = 5,4 cm; b = 3,8 cm

469.

Wirklichkeit	Bild
Länge: 4 m	8 cm
Breite: 3 m	6 cm
Bett: 2 m	4 cm
1 m	2 cm
Tisch: 0,6 m	1,2 cm
usw.	

470.

Wirklichkeit	Bild
36 m	7,2 cm
27 m	5,4 cm
d = 45 m	9 cm

471.

Wirklichkeit	Bild
28 m	7 cm
20 m	5 cm
12 m	3 cm
x = 16 m	4 cm
y = 8 m	2 cm
Fläche: 432 m^2	

472. a) 201 : 7 = 28,7 ~ 29°C   b) von Freitag auf Samstag (Abkühlung um 13 Grad).

473. 35 : 5 = 7 km

474. a) ja, 165 : 8 = 20,625   b) Weil es nur „ganze" Kinder gibt; 21 Kinder

475. 12, denn (8 + 10 + 12) : 3 = 30 : 3 = 10

476. Im Mittel ist jedes Kind um 5 cm gewachsen.

477. durchschnittliche Schuhgröße: 39,5

478. a) 142 cm   b) Sie muss 143 cm weit springen.   c) 154 cm

479. (1) z.B.: Die drei haben Größen von: 110 cm; 150 cm und 190 cm.   (2) Alle drei sind 150 cm groß.   (3) –

480. a)

Note	Anzahl der Kinder
1	20
2	11
3	2
4	2
5	15

b) (20 + 22 + 6 + 8 + 75) : 50 = 2,62   Durchschnitt: Note 2,6
c) 31 Kinder
d) 31 von 50 Kindern hat es gut bis sehr gut gefallen, aber 15 Kinder waren nicht begeistert.

481. a) ja   b) ja   c) nein, die Zahl liegt zwischen der größten und der kleinsten Zahl
d) nein, die mittlere Zahl aus der Liste kann aber in Ausnahmefällen der Mittelwert sein.

482. Die Summe der drei verschiedenen natürlichen Zahlen muss 12 sein.
Es gibt sieben Lösungen: 3, 4, 5 – 2, 4, 6 – 2, 3, 7 – 1, 5, 6 – 1, 4, 7 – 1, 3, 8 – 1, 2, 9

483. 12   a) Er erhöht sich um 1.   b) um 3 größer   c) um 1 kleiner

484. Zusammenhang Spalte (1) Die Summe der 4 Zahlen bleibt gleich. Der Mittelwert bleibt gleich.
Spalte (2) Die Zahlen der 2. Zeile sind immer um 20 größer als die der 1. Zeile. Der Mittelwert wird ebenfalls um 20 größer.
In der 3. Zeile wurden die Zahlen der 1. Zeile mit 10 multipliziert. Der Mittelwert wird auch mit 10 multipliziert.
Spalte (3) Die Zahlen der 1. Zeile wurden mit 2 bzw. mit 4 multipliziert, der Mittelwert wird verdoppelt bzw. vervierfacht.

485. (1) 15   (2) 20,5   (3) 9   (4) 4

486. a) Minimum: 24°C; Maximum: 32°C; Spannweite: 8°C; Modus: 29°C; Median: 28°C;   b) rund 27,9°C

487. a) z.B.: 9; 10; 11   b) z.B.: 6; 9; 14   c) z.B.: 6; 7; 8

488. a) ---   b) Minimum: 0; Maximum: 40 min; Spannweite: 40 min; Modus: 0 min; Median: 20 min   c) 20 min

489. Minimum: kleinster Wert; Maximum: größter Wert; Spannweite: Unterschied zwischen kleinstem und größtem Wert; Modalwert (=Modus): häufigster Wert

490. Minimum: 415 km^2 (Wien); Maximum: 19 171 km^2 (Niederösterreich)

491. a) ---   b) Minimum: 2 h; Maximum: 9 h; Spannweite: 7 h; Modus: 4 h; Median: 5,5 h; Mittelwert: 6 h
c) Melanie hat den Mittelwert (6 h) im Kopf berechnet. Der Wert 6 h kommt in der Werteliste nicht vor.
d) Der Mittelwert erhöht sich um eine halbe Stunde (6,5 h statt vorher 6 h).
e) Der neue Zentralwert (= Median) ist dadurch 7 h (statt vorher 5,5 h).
f) Der Modalwert ändert sich nicht. Er bleibt bei 4 h.
g) Das neue Minimum ist nun 4 h statt vorher 2 h, die Spannweite verringert sich daher zu 5 h.

492. a) z.B.: 26 kg; 26 kg; 33 kg; 35 kg   b) z.B.: 8 m; 10 m; 10 m; 20 m   c) z.B.: 3; 7; 9; 9

493. Quader a), c), d) Würfel b)

494. a) 3 Kanten   b) 4 Kanten   c) 2 Flächen

495. a) 6   b) 5   c) 8   d) 5

496. a) 3 Kanten   b) 4 Kanten   c) 2 Flächen   d) 4 Kanten   e) 2 Flächen

497. a)
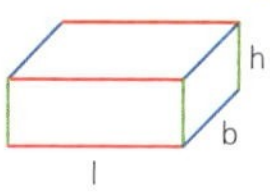

b)
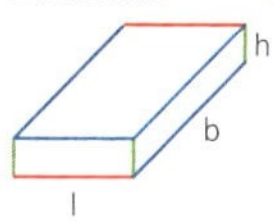

c)

498. a) b) c) d) e)

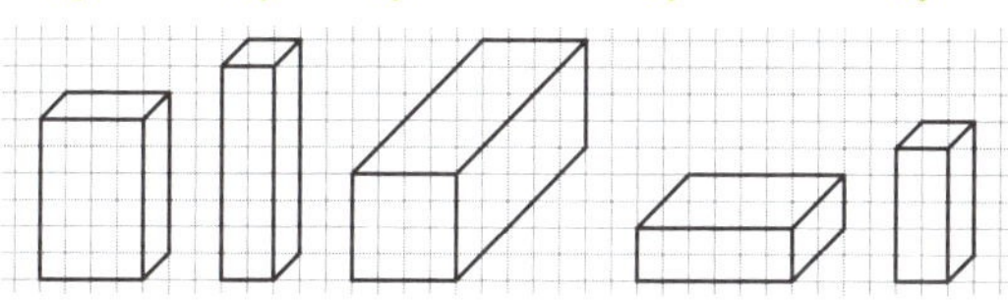

499. PKW, Turmdach (Pyramide), Ball (Kugel), Münze (Zylinder), Kochtopf (Zylinder)

500. a) 84 cm   b) 64 cm:

501. Ansicht: von vorne   von oben   von links

502.

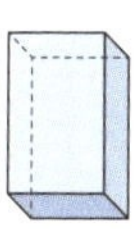
von rechts unten

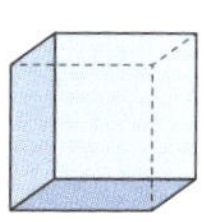
von links unten

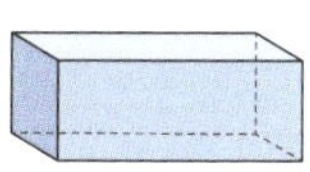
von links oben

503. Beim Quader und beim Würfel sind jeweils vier Kanten parallel.

504. a) 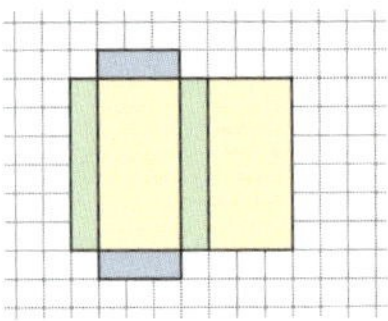 b) 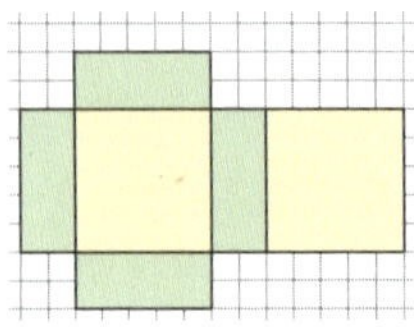

505. a) 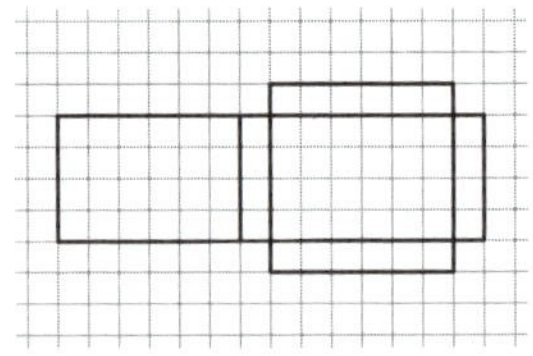

b) O = 2 cm2 + 12 cm2 + 3 cm2 = 17 cm2

506. a) $O = 0{,}6 \cdot 0{,}6 \cdot 6 = 2{,}16\ m^2$
b) Weil noch Stoff für die Naht gebraucht wird und weil die Stoffbahn vermutlich breiter als 0,6 m ist.

507. 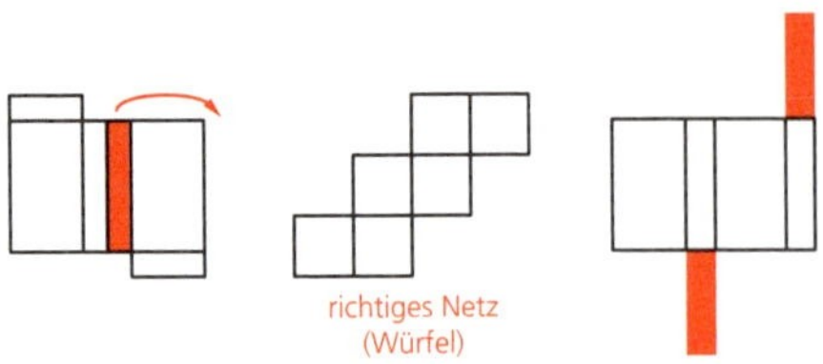

508. 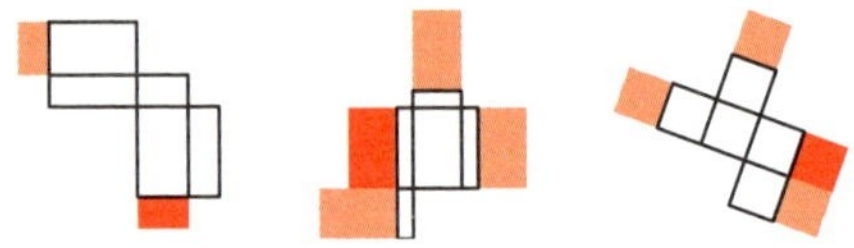

(Es gibt jeweils mehrere Lösungen, einige – aber nicht alle – sind dargestellt.)

509. 0,5 m lang, 0,25 m breit, 0,4 m hoch → $O = 2 \cdot (0{,}5 \cdot 0{,}25 + 0{,}5 \cdot 0{,}4 + 0{,}4 \cdot 0{,}25) = 0{,}85\ m^2$
$\frac{1}{4}$ Liter Lack reicht für 1,5 m^2, aber $\frac{1}{8}$ l reicht nur für 0,75 m^2.

510. Egal, wie Samantha die Teile ihrer Truhe auf dem Brett anordnet, sie kann die Breite von 76 cm nicht ganz ausnützen. Also muss sie immer ein Stück absägen; dieser Teil der Fläche fehlt dann woanders. Sie kommt mit dem Brett nicht aus!

511. a) 3 500 dm^3 b) 800 dm^3 c) 3 550 dm^3 d) 6 810 dm^3 e) 4 200 dm^3 f) 91 dm^3

512. a) 1 500 cm^3 b) 300 cm^3 c) 5 000 cm^3 d) 8 800 cm^3 e) 250 cm^3 f) 6 350 cm^3

513. a) 3,44 m^3 b) 0,8 m^3 c) 6 m^3 d) 8,3 m^3 e) 2,5 m^3 f) 4,85 m^3

514. a) 850 dm^3 b) 2 500 cm^3 c) 6 800 mm^3 d) 9 500 dm^3 e) 900 cm^3 f) 3 300 mm^3

515. a) 1,9 cm^3 b) 0,7 dm^3 c) 4,38 m^3 d) 6,03 cm^3 e) 2,5 dm^3 f) 0,19 m^3

516. a) $1\frac{1}{2}\ dm^3 = 1\,500\ cm^3$ b) $0{,}250\ dm^3 = 250\ cm^3$ c) $\frac{1}{2}\ dm^3 = 0{,}5\ dm^3$ d) $0{,}125\ dm^3 = 125\,000\ mm^3$

517. a) $2\ l = 2\ dm^3$ b) $1{,}5\ dm^3 = 1{,}5\ l$ c) $1\ dm^3 = 1\ l$ d) $\frac{1}{2}\ l = 500\ ml$ e) $250\ ml = \frac{1}{4}\ l$

518. $23\ m^3\ 7\ dm^3 = 23{,}007\ m^3$ $800{,}213\ dm^3 = 0{,}800\,213\ m^3$ $0{,}0643\ km^3 = 64\,300\,000\ m^3$
$917\,000\ cm^3 = 917\ dm^3$ $3\ km^3\ 47\ m^3 = 3{,}000\,000\,047\ km^3$

519. Wenn man die Seiten eines Würfels verzehnfacht, dann wird das Volumen tausendmal so groß, weil sowohl die Länge als auch die Breite als auch die Höhe verzehnfacht werden, und $10 \cdot 10 \cdot 10 = 1000$ ist.

520. Karim und Thomas haben recht.

521. Abdul: richtig. Theresa: richtig. Lukas: falsch, 1000 dm^3 sind ein m^3. Diana: richtig

522. $1000\ l = 1\ m^3$ b) $10\ hl = 1\ m^3$; $1\ hl = 0{,}1\ m^3$

523. a) V = 18 ◻ b) V = 8 ◻ c) V = 27 ◻ d) V = 24 ◻
e) V = 16 ◻ f) V = 90 ◻ g) V = 45 ◻ h) V = 30 ◻

524. a) $V = 4 \cdot 4 \cdot 4 = 64\ cm^3$ b) $V = 729\ cm^3$

525. a) $V = 100\ cm^3 = 0{,}1\ dm^3 = 0{,}1\ l$ b) $V = 340\ cm^3 = 0{,}34\ dm^3 = 0{,}34\ l$

526. a) $V = 7 \cdot 7 \cdot 20{,}5 = 1\,004{,}5\ cm^3 \approx 1\ dm^3 \Rightarrow 1\ l$; ja b) Da die Packung nicht ganz angefüllt werden kann.

527. a) 24 Würfel b) 30 Würfel c) 54 Würfel

528. 12 m^3; 8-mal so viel

529. Wenn man alle drei Seiten eines Quaders verdoppelt, dann verachtfacht sich das Volumen.

530. 21 m^3

531. a) $V = 30\,000\ cm^3 = 30\ dm^3$ b) $V = 27\,000\ cm^3 = 27\ dm^3$ Morzis Karton ist größer.

532. a) $V = 12\,000\ cm^3 = 12\ dm^3 = 12\ l$, ja b) $V = 9000\ cm^3 = 9\ dm^3 = 9\ l$, nein

533. a) $V = 153\ m^3$ b) $153\ m^3 : 25 = 6{,}12\ m^3 =$ ca. $6\ m^3$ c) ja – für 25 Personen geht es sich aus

534. Karton 1: 128 l, Karton 2: 122,5 l, Karton 3: 125 l, Karton 4: 75 l. Somit hat Karton 1 den größten Rauminhalt.

535. a) 120 l b) 9 l fehlen, Lissy muss 6-mal gehen.

536. Anna 960 cm^3, David 1 008 cm^3. David hat insgesamt mehr Saft.

537. Schachtel = 0,0135 m^3; 24 Schachteln = 0,324 m^3
Schrank: 0,324 m^3 → rein volumsmäßig müsste es sich ausgehen.
Anna kann z.B. 3 Schachteln nebeneinander flach in den Schrank stellen (45 cm breit). Davon passen 6 übereinander hinein ($6 \cdot 15 = 90$ cm).
Dann gehen sich daneben noch je 3 hochkant gestellte Schachteln aus (15 cm), jeweils 2 übereinander ($2 \cdot 45 = 90$).
Insgesamt kann sie so alle Schachteln in den Schrank quetschen.
(Es gibt noch mehrere andere Möglichkeiten, die Schachteln zu stapeln, sodass sie alle in den Schrank passen.)

Ansicht von oben:

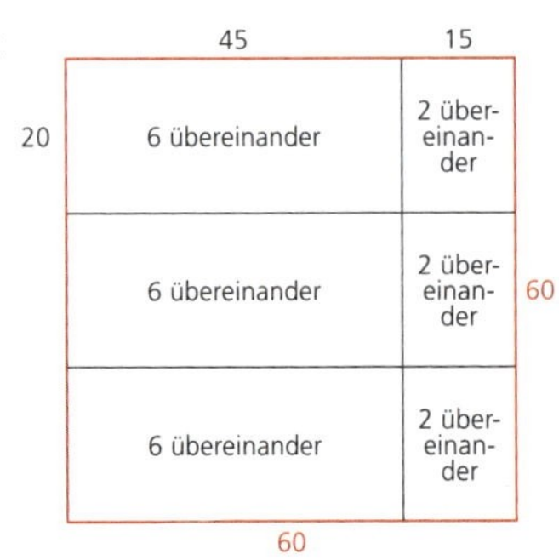